高职高专电子商务系列教材

网络客户服务实务

主　编　袁美香　王彩凤　谢先斌

副主编　彭新莲　庞海英　张　洁

邹　静　刘丹利

西安电子科技大学出版社

内 容 简 介

  本书是在深入分析我国电子商务的实践和企业运营实际的基础上,通过电子商务企业客服部的任务设置,用六个项目——走近网络客服、网店客户分析、售前客服技巧、售中客服技巧、售后客服技巧、客服关系管理的学习实践,让学生在实际任务中学习网络客服的基础知识和工作技巧;掌握网络客服岗位的基本技能,具备网络客服的基本素养;掌握客服的工作流程,做好售前知识储备、流程培训和准备;掌握客服沟通技巧;熟练应用各种客户关系管理工具及方法对客户进行管理和维护。

  本书适合高职高专相关专业使用。通过对本书的学习,学生毕业后可以尽快进入客服岗位角色,顺利做好岗位工作。

图书在版编目(CIP)数据

网络客户服务实务/袁美香,王彩凤,谢先斌主编. —西安:西安电子科技大学出版社,
2019.12(2022.7 重印)
ISBN 978–7–5606–5516–1

Ⅰ. ①网…　Ⅱ. ①袁…　②王…　③谢…　Ⅲ. ① 电子商务—商业服务—高等职业教育—教材　Ⅳ. ① F713.36

中国版本图书馆 CIP 数据核字(2019)第 252360 号

策　　划　杨丕勇
责任编辑　杨丕勇
出版发行　西安电子科技大学出版社(西安市太白南路 2 号)
电　　话　(029)88202421　88201467　　　邮　编　710071
网　　址　www.xduph.com　　　　　　电子邮箱　xdupfxb001@163.com
经　　销　新华书店
印刷单位　陕西天意印务有限责任公司
版　　次　2019 年 12 月第 1 版　　2022 年 7 月第 2 次印刷
开　　本　787 毫米×960 毫米　　1/16　印 张　10
字　　数　197 千字
印　　数　3001~5000 册
定　　价　29.00 元
ISBN 978–7–5606–5516–1 / F
XDUP 5818001–2
如有印装问题可调换

前　　言

随着互联网技术的日益普及，以电子商务为代表的互联网应用得到了快速发展。现在，电子商务已经深入我们生活的方方面面，从有形产品到无形服务，从国内到国外，从城市到农村，交易的内容和范围不断扩大。

网络零售市场中网络客服承担着企业与客户首次沟通的桥梁作用，在企业开展网络营销项目的过程中至关重要，在整个网络营销体系的运行中肩负着承上启下的重任。因此，网络在线客服工作的好坏，直接影响着企业网站的转化率，进而影响企业网上交易的成交量，关乎企业的效益。

本书针对电子商务类专业学生的特点，以网络客服实际业务为引领，以网络客服的工作流程为主线，设计网络客服所需要的项目、任务，使学生尽快掌握网络客服岗位的职业技能要求，为将来更好地完成岗位工作打下基础。书中内容安排重视实用性和可操作性，条理清晰，重点明确，力求全面、实用、凝练。

本书按"项目—任务"的方式组织，具体包含 6 个项目和 18 个任务，6 个项目分别为走进网络客服、网店客户分析、售前客服技巧、售中客服技巧、售后客服技巧、客户关系管理。

本书由衡阳技师学院袁美香、王彩凤、谢先斌担任主编；彭新莲、庞海英、张洁、邹静、刘丹利担任副主编。

在本书的编写过程中，我们浏览了许多相关网站，借鉴、引用了相关网站运营、网络客服的一些资料，在此对这些网站及有关文档作者一并表示感谢。

由于编者水平有限，书中难免出现疏漏，敬请广大读者批评指正。

编者

2019 年 8 月

目　录

项目 1 走进网络客服

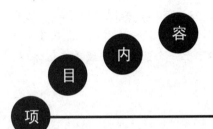

任务一：认识网络客服的含义与类型
任务二：关注网络客服的素质要求
任务三：认知网络客服岗位

 情境导入

终于顺利通过面试，张静收到了杭州莫畏电子商务公司的录用通知书，成为客服部的一名员工。

张静正担心自己不知道该如何入手新工作，公司人事部门通知她参加岗前学习和培训。这让张静松了一口气，对于网络客户服务工作，张静心里还真是没底。于是，张静暗暗下定决心，一定要抓住这次难得的机会，给自己补补专业课。

 目的及要求

1. 掌握客户和客户服务的概念，能区别客服的分类。
2. 领会客服的含义和服务意识。
3. 领会客服的职业技能标准，可模仿客服的基本礼仪。

任务一　认识网络客服的含义与类型

【导入案例】

为新来员工培训的是客服部的李经理,而参加培训的不止张静,还有公司其他部门的新员工。李经理告诉大家,杭州莫畏电子商务公司是一家依托网上交易服务平台从事互联网经营的贸易公司。公司的服务理念是:一切以顾客需要为出发点,共同打造地方特色的网上服装门户商业网站。进入公司的每个人都必须有正确的客户服务意识,熟悉公司客户服务体系,才能一起更好地服务于客户。客户服务体系实际上是企业上下一致的文化体现,需要公司上下齐心协力地为客户提供优质的服务。

在了解客户之前,请大家就以下问题进行讨论:

(1) 什么是服务?根据服务在有形产品中所占比重,将市场上的产品进行分类。

(2) 什么是客户?

(3) 什么是网络客户服务?

一、理解网络客服的含义

(一) 客户

1. 客户的定义

客户(customer)是指传统意义上的消费者,即购买商品的人;而在电子商务时代,客户是指所有与企业或商家有互动行为的单位或个人。

客户主要有消费者客户、中间客户和公利客户三种。

(1) 消费者客户。他们是企业产品或服务的直接消费者,也称为"最终客户"或"终端客户"。

(2) 中间客户。中间客户虽然购买企业的产品或服务,但他们并不是产品或服务的直接消费者,而是处于企业与消费者之间的经营者。中间客户的典型代表是经销商。

(3) 公利客户。公利客户代表公众利益,向企业提供资源,然后直接或间接地从企业获利中收取一定比例的费用。公利客户的典型代表是政府、行业协会、媒体。

2. 客户的分类

(1) 按客户的性质划分，主要有个体型客户和组织型客户。

① 个体型客户，就是出于个人或家庭的需要而购买商品或服务的对象。这类客户就是通常所讲的最终消费者，它主要由个人和家庭购买者构成。

② 组织型客户，就是有一定的正式组织结构，以组织的名义，因组织运作需要而购买商品或服务的对象。这类客户包括工商企业用户、各类中间商、机构团体、政府等。

(2) 按客户重要性划分，可以把客户分成贵宾型客户、重要型客户和普通型客户三种，分别用 A、B、C 表示。其客户数量比例和创造利润比例可参考表 1.1。

表 1.1　用 ABC 分类法对客户进行划分

客户类型	客户名称	客户数量比例	客户为企业创造利润比例
A	贵宾型	5%	50%
B	重要型	15%	30%
C	普通型	80%	20%

(3) 按照客户对企业和商家的忠诚程度来划分，可把客户分成潜在客户、新客户、常客户、老客户和忠诚客户等。这种分类的客户创造的利润分布可参考图 1.1。

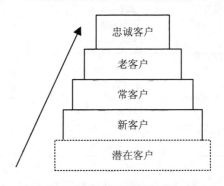

图 1.1　不同客户创造的利润分布

(二) 客服

1. 客服的概念

客服，简单而言就是从事客户服务工作的人，主要接受客户的咨询，帮助客户解决疑惑。客服也是一个工作岗位，泛指承担客户服务工作的机构、人员或软件。

2. 客服的分类

按自动化程度划分，客服可分为人工客服和电子客服。

按交流媒体划分，客服又可分为文字客服、视频客服和语音客服三类。

按商业流程划分，客服在商业实践中一般分为三类，即售前客服、售中客服和售后客服。

微信客服依托于微信提供的技术条件，综合了文字客服、视频客服和语音客服的全部功能。

二、网络客服部门的组织结构

人们根据业务发展需要为网络客服部门设置了不同的组织架构，不同的组织架构又会影响客服人员工作职责的分配。因此，在了解客服岗位要求之前，需先了解网络客服部门的组织架构。

使用单一平台的电子商务企业，如天猫店铺或者淘宝集市店铺等，大部分采用售前、售中、售后的分类架构，具体架构如图 1.2 所示。这种架构能使售前、售中、售后客服的专业化程度提高，问题责任归属明确；其缺点是沟通不够通畅，如售中客服不能在客户咨询售后问题时给予准确回答。

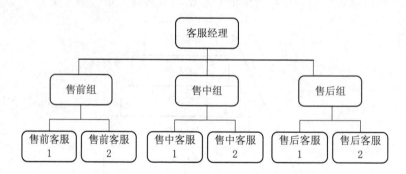

图 1.2 单一平台企业客服部门基本组织结构

使用多个平台的电子商务企业则倾向于根据平台进行设计，其基本架构如图 1.3 所示。该架构的优点是不同平台客服独立管理，其售前、售中、售后的沟通较顺畅；其缺点是由于客服人员需要专职专用，因此需要聘请较多的客服人员，不适合规模较小且使用平台较多的电子商务企业。

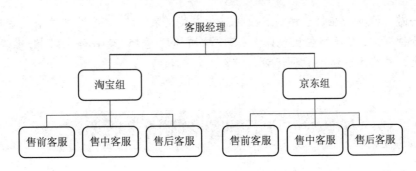

图 1.3　多平台企业客服部门基本组织架构

了解网络客服岗位的技能要求

【活动背景】

虽然张静目前被安排在客服部门的售前组，岗位是实习客服，但是经理安排她在每个客服组轮岗实习一个月。因此，张静需要学习网络客服的所有技能。那么，网络客服需要的技能有哪些呢？

【活动实施】

网络客服的专业技能要求如下：

(1) 由于需要打字与客户沟通，因此要求中文盲打速度每分钟达 60 字以上，准确率在 95%以上。

(2) 由于通过互联网进行工作，因此必须了解一定的网络文化。

(3) 由于使用网络通信工具工作，因此必须会操作常用的电商销售平台、即时通信工具。

(4) 能够熟练应用 Office 办公软件。

(5) 具备一定的商品知识。

(6) 具备一定的文字写作能力，能与客户进行良好的沟通，解答客户提出的各种问题。

根据以上的技能要求，张静的师傅李倩倩第一时间给张静布置了"技能常规练习"：每天上班前花 10 分钟的时间练习打字技能，5 分钟整理常用即时通信工具，下班后花半小时学习专业知识。

想一想　你认为网络客服还需要哪些专业技能？

做一做 请务必在每节课前 5 分钟进行中英文录入练习,要求中文盲打速度达 60 字每分钟以上,准确率在 95% 以上;英文盲打速度达 150 字每分钟以上,准确率在 95% 以上,并将测试结果截屏记录。

任务二 关注网络客服的素质要求

【导入案例】

客服张静接到客户的投诉电话,客户反映通过网络购买的商品刚开始使用就出现质量问题,而且该商品是急用的,现在不仅商品出了问题,自己的使用需求也得不到解决。此时,客户出现的情绪反应为急躁、气愤、不听客服解释。客服张静需针对这一情况进行工作。

案例分析:如果你是张静,那么应该如何应对这突如其来的投诉?如何解决客户的投诉?

一、客服的基本素质

一个合格的网络客服,应该具备一些基本素质,如心理素质、品格素质、技能素质以及其他综合素质等。

1. 心理素质

在客户服务过程中,网络客服承受着各种压力、挫折,没有良好的心理素质是不行的。通常网络客服需具备的心理素质包括:

(1) "处变不惊"的应变能力。

(2) 承受挫折打击的能力。

(3) 对情绪的自我掌控及调节能力。

(4) 满负荷情感付出的支持能力。

(5) 积极进取、永不言败的良好心态。

2. 品格素质

一名优秀的网络客服人员,应该对其所从事的客户服务岗位工作充满热爱,要有一个好的心态来面对工作和客户。

客服需具备的品格素质包括:

(1) 忍耐与宽容是优秀客服人员的一种美德。

(2) 热爱企业、热爱岗位。

(3) 要有谦和的态度。

(4) 不轻易承诺。

(5) 谦虚是做好客户服务工作的要素之一。

(6) 拥有博爱之心，真诚对待每一个人。

(7) 要勇于承担责任。

(8) 要有强烈的集体荣誉感。

(9) 拥有热情主动的服务态度。

(10) 要有良好的自控力。

3. 技能素质

优秀的网络客服应掌握一定的行业、专业知识以及高超的语言沟通谈判技巧。良好的沟通是促成买家交易的重要步骤之一，和买家在销售的整个过程当中保持良好的沟通是保证交易顺利的关键。一名优秀的网络客服应掌握下列技能素质：

(1) 良好的语言表达能力。

(2) 高超的语言沟通技巧和谈判技巧。

(3) 丰富的专业知识。

(4) 丰富的行业知识及经验。

(5) 思维敏捷，具备对客户心理活动的洞察力。

(6) 敏锐的观察力和洞察力。

(7) 具备良好的人际关系沟通能力。

(8) 具备专业的客户服务语音沟通技巧。

(9) 具备良好的倾听能力。

4. 综合素质

优秀的网络客服不但需要具备客户至上的服务观念，还要善于思考，能够对工作提出合理化建议，更要善于协调同事之间的关系，以达到提高工作效率的目的。网络客服应具备的综合素质具体如下：

(1) 具备"客户至上"的服务理念。

(2) 具备对工作的独立处理能力。

(3) 具备对各种问题的分析解决能力。

(4) 具备对人际关系的协调能力。

二、客服的沟通技巧

网上购物看不到实物，给人的感觉比较虚幻，为了促成交易，客服必将扮演重要角色，其沟通技巧的运用对促成订单至关重要。

1. 态度方面

(1) 树立端正、积极的态度。这一点对网络客服人员来说尤为重要。尤其是已售出的商品出现问题的时候，不管是顾客的问题，还是快递公司的问题，都应该及时解决，不能回避、推脱。应积极主动与客户进行沟通，让顾客觉得他是受尊重、受重视的，并尽快提出解决办法。

(2) 要有足够的耐心与热情。我们常常会遇到一些顾客，喜欢打破砂锅问到底。这个时候就需要我们客服人员有足够的耐心和热情，细心回复，从而给顾客一种信任感。绝不可表现出不耐烦，就算对方不买也要说声"欢迎下次光临"。总之要让顾客感觉你是热情真诚的。千万不可以说"我这里不还价""没有"等伤害顾客自尊的话语。

2. 表情方面

微笑是对顾客最好的欢迎。接待顾客时，哪怕只是一声轻轻的问候也要送上一个真诚的微笑。虽然在网上与顾客交流是看不见对方的，但只要你是微笑的，言语之间是可以感觉得到的。

3. 礼貌方面

俗话说"良言一句三冬暖，恶语伤人六月寒"，一句"欢迎光临"，一句"谢谢惠顾"，短短的几个字，却能够让顾客听起来非常舒服，产生意想不到的效果。

4. 语言文字方面

沟通过程中其实最关键的不是你说的话，而是你如何说话。多采用礼貌的态度、谦和的语气，就能顺利地与客户建立起良好的沟通，要求如下：

(1) 少用"我"字，多使用"您"或者"咱们"这样的字眼，让顾客感觉我们在全心全意地为他(她)考虑问题。

(2) 多用规范用语，如"请""欢迎光临""认识您很高兴""希望在这里能找到您满意的商品""您好""请问""麻烦""请稍等""不好意思""非常抱歉""多谢支持"等。

平时要注意提高、修炼自己的内功，同样一件事用不同的表达方式就会表达出不同的意思。很多交易中的误会和纠纷就是因为语言表述不当而引起的。

(3) 在客户服务的语言表达中，应尽量避免使用负面语言。这一点非常关键，客户服务语言中不应有负面语言。什么是负面语言？比如，我不能、我不会、我不愿意、我不可以等，这些都是负面语言。

5. 针对性方面

任何一种沟通技巧都不是对所有客户一概而论的，针对不同的客户应该采用不同的沟通技巧。

(1) 顾客对商品了解程度不同，沟通方式也有所不同。

① 对商品缺乏认识，不了解。这类顾客对商品知识缺乏，对客服依赖性强。

② 对商品有些了解，但是一知半解。这类顾客对商品了解一些，比较主观，易冲动，不太容易信赖。

③ 对商品非常了解。这类顾客知识面广，自信心强，问题往往都能问到点子上。

(2) 对价格要求不同的顾客，沟通方式也有所不同。

① 有的顾客很大方，说一不二，看见你说不砍价就不跟你讨价还价。

② 有的顾客会试探性地问能不能还价。

③ 有的顾客就是要讨价还价，不然就不高兴。

(3) 对商品要求不同的顾客，沟通方式也有所不同。

① 有的顾客因为买过类似的商品，所以对购买的商品质量有清楚的认识。

② 有的顾客将信将疑，如会问"图片和商品是一样的吗？"

③ 有的顾客非常挑剔，这在沟通的时候可以感觉到，他会反复问有问题怎么办。

6. 其他方面

(1) 坚守诚信，包括诚实地解答顾客的疑问，告诉顾客商品的优缺点，向顾客推荐适合顾客的商品。

(2) 凡事留有余地，不让顾客有失望的感觉。

(3) 处处为顾客着想，用诚心打动顾客。

(4) 多虚心请教，多倾听顾客声音。

(5) 做个专业卖家，给顾客准确的推介。

(6) 坦诚介绍商品优点与缺点。

(7) 遇到问题多检讨自己少责怪对方。

三、客服的工作技巧

1. 促成交易技巧

(1) 利用顾客"怕买不到"的心理。人们常对越是得不到、买不到的东西，越想得到它、买到它。

(2) 利用顾客"希望快点拿到商品"的心理。

(3) 当顾客一再出现购买信号，却又犹豫不决、拿不定主意时，可采用"二选其一"的技巧来促成交易。

(4) 帮助准顾客挑选，促成交易。

(5) 巧妙反问，促成订单。

(6) 积极推荐，促成交易。

2. 时间控制技巧

除了回答顾客关于交易上的问题外，还可以适当聊天，这样能够促进双方的关系。

3. 说服客户的技巧

(1) 调节气氛，以退为进。在说服时，首先应该想方设法调节谈话的气氛。

(2) 争取同情，以弱克强。渴望同情是人的天性，如果你想说服比较强大的对手时，不妨采用这种争取同情的技巧，从而以弱克强，达到目的。

(3) 消除防范，以情感化。一般来说，在你和对方较量时，彼此都会产生一种防范心理，尤其是在危急关头。

(4) 投其所好，以心换心。站在他人的立场上分析问题，能给他人一种为他着想的感觉，这种投其所好的技巧常常具有极强的说服力。

(5) 寻求一致，以短补长。习惯于拒绝他人说服的人，经常都处于"不"的心理组织状态之中，所以他们自然而然地会呈现僵硬的表情和姿势。

四、客服的职业准则

1. 言而有信

(1) 没有把握的事不得随意应承。

(2) 即便是有把握的事，也要经过周密的、反复的考虑，才能应允。

(3) 在没有弄清客户所需要的信息的情况下，不能随便答应客户的要求。

(4) 不能立即回答的问题，不能说"这事我没办法帮助您"，而是应晚些时候再给客户一个肯定的答复。

(5) 对已许诺过的客户，把姓名、许诺的事项记录在备忘录上，便于随时查看落实情况，以免遗忘。

与顾客沟通通常要注意以下几个方面：

(1) 对没把握的事，不要一口应承，应说："这件事我没有十分的把握，但我一定会尽力，争取把这件事办好。"

(2) 对有把握的事，也不要把话说"死"，要留有余地，如应说："我看这件事问题不大，我想会解决好的。"

(3) 对于没把握的事，不能说"这事难办，您找别人吧"，要主动为客户想办法、出主意，表现出对客户的关心和真诚，可以说："我可以通过采购员和某个厂家的帮助解决您的问题，一旦有了结果，我会马上通知您，您看这么办可以吗？"

2. 以客户为中心

由于客服的工作具有重复性，有时候会感到厌烦，很容易把客户的问题看作是对工作的干扰，这很容易导致客户的抱怨。

3. 理解第一

一个人无论服务技能多么娴熟，都难免有使客户产生不悦的情况。在这种情况下，也要养成对客户表示理解的习惯。

4. 忍让为先

在工作中，无论你工作多么出色，也难免遇到脾气不好、大发雷霆、吹毛求疵的客户。此时切记忍让为先。

5. 微笑服务

微笑服务是情感服务。微笑会使人感觉亲切、热情、平易近人，微笑服务是业务接待中最基本的服务手段。

任务三　认知网络客服岗位

一、分析网络客服流程及部门职责

1. 售前咨询解答

很多顾客购物之前都会有一个咨询的过程，而谁来给他们解答问题呢？毫无疑问，肯定是客服。客服的解答咨询要有耐心，专业解决顾客的疑问，从而促使他们下单。

2. 催付款和引导支付

有一些顾客下单之后，久久没有支付，这个时候客服就要进行催付工作。可以通过打电话或者旺旺这两种方式，催促顾客早点付款；同时也有一些网络购物的新手，不懂如何支付，或者支付过程中出现问题，此时客服应该主动帮助他们解决问题，促成支付成功。

3. 关联销售以及推荐

顾客下订单并且支付之后，我们要耐心了解他们的需要，给他们推荐一些店铺搞活动的产品；当客户透露有需求的产品时，客服应根据客户之前的订单金额，给予一定的优惠措施，或者给他们送个代金券、赠品或者好评返现，这种形式很多，可以根据具体情况决定，令顾客购物愉快。

4. 审单核对

客户拍下订单并且完成付款之后，我们要跟客户核对收货地址以及收货人信息，确认无误之后把订单信息交给发货人员，避免错发、漏发。

5. 跟单以及催好评

货品寄出去一定时间之后，客服联系顾客，是否收到货品，使用了没有，有没有问题等等，如果有问题，及时给予解决，如果顾客没有问题，应及时提醒他们给我们全五分的好评。

6. 售后服务

产品使用过程中难免会出现问题，当顾客反馈咨询的时候，我们一定要积极快速地帮助他们解决问题，给他们提供优质的售后服务，让他们体验到愉快的购物感觉。

二、明确网络客服工作基本流程

一般将大中型网店的客服人员分为售前客服、售中客服和售后客服，如图 1.4 所示。

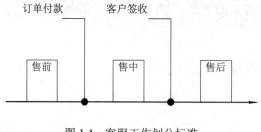

图 1.4　客服工作划分标准

（一）售前客服的工作流程

售前客服主要从事引导性的服务，如客户(包括潜在客户)关于产品的技术方面的咨询，从顾客进店咨询到拍下订单付款的整个工作环节都属于售前客服的工作范畴。售前工作流程如图 1.5 所示。

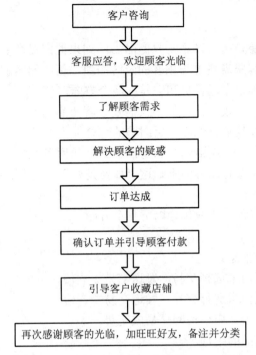

图 1.5　售前工作流程

(二) 售中客服的工作流程

售中客服的工作主要集中在顾客付款到订单签收的整个时间段，主要负责物流订单工作的处理，工作流程主要包括顾客分类、信息收集、打消买家疑虑、讨价还价、发货。售中工作流程如图 1.6 所示。

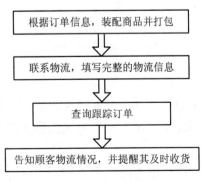

图 1.6　售中工作流程

(三) 售后客服

售后客服的工作主要是指在顾客签收商品后，如果他们对商品在使用方面或产品维护方面存在一定的疑惑，客服需通过与顾客的及时沟通，帮助顾客解决收到商品后的种种问题。通常售后问题主要集中在退换货和中差评两个方面。

网店对售后客服的要求较高，他们不仅需要了解商品的专业知识，还需要对淘宝以及店铺的规则了然于心，并且具有判断售后问题的综合能力。

公司可以结合自身特点，编制适合自身产品的销售服务职责以及售后服务的流程表，让客服按流程办事，避免有时候客服不知道"如何是好"，从而大大提高客服的工作效率，减少客服在工作中错误的产生。

售后客服工作基本流程一般应包含以下几个方面：

(1) 回复留言。

(2) 给客户发送成交信息。

(3) 拍下商品后三天内未选择交易，发送交易提醒信。

(4) 拍下商品后七天内未选择交易，发送交易警告信。

(5) 发送警告信后七天，申请退回交易成交费。

(6) 客户重复拍下商品的处理。

(7) 缺货商品的在线处理。

(8) 修改在线商品。

(9) 信用评价。

(10) 常规应用软件的使用。

总结起来，主要有三个流程：处理中、差评的流程；延伸客户服务的流程；退换货的操作流程。

 **技能训练**

训练 1　文字录入训练

随着互联网的普及和电子商务的高速发展，客户服务人员面对的不仅是传统的线下客户；还要面对线上客户，因此文字录入就成为现代客服的必备技能。文字录入训练步骤如下：

步骤 1，准备一篇客服常用语的文档，字数大约为 1000 字。

步骤 2，选择汉字的输入方法，允许采用五笔字型或拼音输入法。

步骤 3，通过即时聊天工具(腾讯 QQ、淘宝旺旺)或文字处理软件(记事本、Word)进行录入。

步骤 4，要求打字速度不低于 50 个/分钟，准确率不低于 95%。

最后，各小组参考本章节任务评价表内容，完成任务评价表 1(见表 1.2)。

表 1.2　任务评价表 1

姓名			任务		文字录入技能训练		
时间			地点				
项目		评价依据	优秀	良好		合格	继续努力
任务背景		清楚任务要求，解决方案清晰					
任务实施准备		收集任务所需文档资料，并对素材整理分类					
任务实施	子任务	评价内容或依据					
	任务一	客服常用语文档 1					
	任务二	客服常用语文档 2					
	任务三	客服常用语文档 3					

训练 2　微笑训练

热情的展现通常和笑容联系在一起，客服应形成自然的微笑习惯，可以用下面的方式组织练习：

步骤 1，把全班同学分为 2～3 人一组，组员之间互相帮助训练和监督；查阅资料，收集"微笑服务"的资料，可以使用百度、Google 等搜索引擎，并将查找到的资料整理归纳后记录到笔记本上。

步骤 2，结合任务要求，学习小组讨论"客服微笑"的重要性和"微笑服务"技能养成的必要性，并将小组讨论结果填写在笔记本上。

步骤 3，学习小组轮流指派组员或分别扮演客户和客服的角色。将聊天系统弹出的页面与电话铃声作为开始信号，只要页面弹出或铃声一响，微笑就开始。每次微笑时要能数出至少八颗牙齿。如果你的微笑能一直伴随着你与客户的对话，你的声音会显得热情和自信。

步骤 4，每个学习小组对本小组的学习任务完成情况进行讨论与完善，形成最终学习成果，并记录到笔记本上。

最后，各小组参考本章节任务评价表内容，完成任务评价表 2(见表 1.3)。

表 1.3　任务评价表 2

姓名			任务		微笑技能训练		
时间			地点				
项目		评价依据	优秀	良好	合格	继续努力	
任务背景		清楚任务要求，解决方案清晰					
任务实施准备		查阅资料，收集"微笑服务"的资料					
任务实施	子任务	扮演客户角色					
	任务一	扮演客户角色					

项目 2　网店客户分析

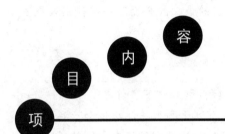

任务一：分析网店客户类型
任务二：熟悉网店买家购物心理
任务三：熟悉网店客户的管理

 情境导入

顾客："在吗？"

客服："您好，欢迎光临＊＊＊旗舰店，我是导购＊＊＊，请问有什么可以帮到您吗？"

顾客："您的服务不错哦"＋微笑表情，气氛就活跃起来了。

顾客："我想买一款面膜，可以推荐一下吗？"

客服："请问您是什么肤质的哦？不同的面膜适用不同的肤质哦。"

顾客："我平时皮肤有些过敏，总觉得有些痒痒的。"

客服："亲，您属于过敏的肤质，我为您推荐一款能缓和过敏皮肤的面膜哦，请您稍等！"

顾客："这真的对过敏的皮肤有帮助吗？"

客服："亲，我们是经过了专业的培训，而且每款产品都是经过国家严格的检验，质量有保证，有针对性的哦，请放心选购该产品。"(微笑表情)"

于是，客服推了一款专门针对过敏肤质的面膜"＊＊＊＊＊"。

顾客："好的，那我就选这款试试哦。"

客服："请问您平时有护肤的习惯吗？"

顾客："我不需要哦，我属于中性皮肤。"

客服："亲，您的皮肤不错哦。"

顾客："呵呵，您真会说。"

客服："亲，护理好皮肤很重要哦，因为每天上班或者所在的环境中都有灰尘的存在，每天护肤就像给自己换衣裳，非常清新健康。建议您使用一套完好的护肤流程是非常重要的哦。"

顾客："好的，你有什么推荐？"

客服："您先看看这款精华液(链接)哦，用在面膜前的哦，配合面膜一起使用效果不错哦。"

顾客："好的，我看看。"

顾客："好的，我买了。还有其他的推荐吗？"

然后给她推荐适合过敏皮肤的乳液和霜(链接)。最后，该客户下了订单。

在顾客下了订单付款后，再建议顾客收藏店铺，这有利于顾客关注店铺和产品。一套完整的销售流程，会给顾客一种专业性的体验，使顾客对产品产生信任感和依赖感！最后给顾客建立客户关系管理，进一步管理顾客。

要求：同学们要根据不同的顾客类型，选择合适的沟通方式。

 目的及要求

1. 正确分析网店客户类型
2. 熟悉网店买家购物心理
3. 熟悉网店客户的管理

任务一　分析网店客户类型

【导入案例】

张静是一位实习客服，刚当上客服的她总是非常热情地接待每一位前来咨询的客户，尽自己最大可能推销店内的商品。最近，令她非常郁闷的是，每一个客户对待她的态度都不尽相同，有些客户对她推荐的产品很感兴趣，有些客户说了几句就表示没兴趣，有些客户甚至直接消失不回复了，这让张静感到莫名地失落。张静向她的师傅简述了自己的烦心事，师傅告诉张静要分析客户类型，对不同类型的客户要用不同的方法。

案例分析：有哪些客户类型呢？

做一做　请在你的家人、朋友和同学中做一个小调查，了解他们上网购物下单的方式，并将调查结果填入表 2.1 中。

表 2.1　上网购物下单方式调查汇总表

年龄：　　　　性别：

下 单 方 式	请在相应下单方式对应样打勾"√"
每一次必须和客服聊天确认过才下单	
喜欢和客服边沟通边下单(客服是主要因素)	
有问题的时候找客服，没问题一般不喜欢和客服聊天	
直接拍，从来不和客服沟通	

了解网店客户的特点及基本类型，对于提高网店客服的服务质量和服务效率具有极其重大的作用，具体如下：

一、按客户性格特征分类及应采取的相应对策

1. 友善型客户

特质：性格随和，对自己以外的人和事没有过高的要求，具备理解、宽容、真诚、信任等美德；通常是企业的忠诚客户。

策略：提供最好的服务，不因为对方的宽容和理解而放松对自己的要求。

2. 独断型客户

特质：异常自信，有很强的决断力，感情强烈，不善于理解别人；对自己的任何付出一定要求回报；不能容忍欺骗、被怀疑、怠慢、不被尊重等行为；对自己的想法和要求一

定需要被认可,不容易接受意见和建议;通常是投诉较多的客户。

策略:小心应对,尽可能满足其要求,让其有被尊重的感觉。

3. 分析型客户

特质:情感细腻,容易被伤害,有很强的逻辑思维能力;懂道理,也讲道理。对公正的处理和合理的解释可以接受,但不愿意接受任何不公正的待遇;善于运用法律手段保护自己,但从不轻易威胁对方。

策略:真诚对待,作出合理解释,争取对方的理解。

4. 自我型客户

特质:以自我为中心,缺乏同情心,不习惯站在他人的立场上考虑问题;绝对不能容忍自己的利益受到任何伤害;有较强的报复心理;性格敏感多疑。

策略:学会控制自己的情绪,以礼相待,对自己的过失真诚道歉。

💡 **议一议** 你是属于哪一种类型的顾客?当你看中一件商品时,你希望网店客服怎样接待?

二、按消费者购买行为分类及应采取的相应对策

1. 交际型

有的客户很喜欢聊天,聊得愉快了就到店里购买东西,交易成交了,对方也成了朋友,至少很熟悉了。

对策:对于这种类型的客户,我们要热情如火,并把工作的重点放在这种客户上。

2. 购买型

有的顾客直接买下东西,很快付款,收到货物后也不和店家联系,直接给好评,对客服的热情反应很冷淡。

对策:对于这种类型的客户,不要浪费太多的精力,如果执着地和他(她)保持联系,他(她)可能会认为是一种骚扰。

3. 礼貌型

本来因为一件东西和店家发生了联系,如果客服热情如火,在聊天过程中运用恰当的技巧,她会直接到店里再购买一些东西;如果售后服务做好了,她或许会因为不好意思还会到店里来。

对策:对于这种客户,我们尽量要做到热情,能有多热情就做到多热情。

4. 讲价型

讲了还讲,永不知足。

对策：对于这种客户，要咬紧牙关，坚持始终如一，保持您的微笑。

5. 拍下不买型

拍下了商品，却不付款购买。

对策：对于这种类型的客户，可以投诉、警告，也可以全当什么都没发生，因各自性格决定采取的方式，不能说哪个好，哪个不好。

> **做一做**　通过阿里(或淘宝)旺旺多与同学、家人、朋友或者旺旺好友聊天，询问他们在购买商品时对待客服的态度，并根据上一任务中提到的不同类型的客户进行总结归纳。

三、按网店购物者常规类型分类及应采取的相应对策

1. 初次上网购物者

这类购物者在试着领会电子商务的概念，他们的体验可能会从在网上购买小宗的、安全的物品开始。这类购物者要求界面简单、过程容易。

对策：产品照片对说服这类购买者完成交易有很大帮助。

2. 勉强购物者

这类购物者对安全和隐私问题感到紧张。因为有恐惧感，他们在开始时只想通过网站做购物研究，而非购买。

对策：对这类购物者，只有明确说明安全和隐私保护政策才能够使其消除疑虑，轻松面对网上购物。

3. 便宜货购物者

这类购物者广泛使用比较购物工具，不玩什么品牌忠诚，只要最低的价格。

对策：网站上提供的廉价商品，对这类购物者最具吸引力。

4. "手术"购物者

这类购物者在上网前已经很清楚自己需要什么，并且只购买他们想要的东西。他们的特点是知道自己做购买决定的标准，然后寻找符合这些标准的信息，当他们很自信地找到了正好合适的产品时就开始购买。

对策：快速告知其他购物者的体验和对有丰富知识的操作者提供实时客户服务，会吸引这类购物者。

5. 狂热购物者

这类购物者把购物当作一种消遣。他们购物频率高，也最富于冒险精神。对这类购物者，迎合其好玩的性格十分重要。

对策：为了增强娱乐性，网站应为他们多提供观看产品的工具、个人化的产品建议，以及像电子公告板和客户意见反馈页之类的社区服务。

6. 动力购物者

这类购物者因需求而购物，而不是把购物当作消遣。他们有自己的一套高超的购物策略来找到所需要的东西，不愿意把时间浪费在东走西逛上。

对策：优秀的导航工具和丰富的产品信息能够吸引此类购物者。

拓展学习：小组成员利用搜索引擎，根据三种不同的分类方法，找出各种类型的网店客户所占的比例，并对占最大比例类型的客户进行具体分析，小组讨论并思考相应的对策。

 技能训练

网店目标客户的需求分析

不同类型网店的目标客户也不一样，请以小组为单位合作开展训练，自己选定一种类型的网店对目标客户的需要进行分析。具体要求如下：

1. 选择网店类型，锁定目标客户

网店类型五花八门、多种多样，如图 2.1 所示，在进行目标客户需求分析之前，首先要选择网店类型，锁定目标客户。

图 2.1　网店类型

2. 针对所选网店进行目标客户分析

请同学们按照自己选择的网店类型回答下面问题。

我们小组所选择的网店类别是：_____。

该类别所指向的目标客户是：_____。

3. 针对目标客户进行具体分析

小组把网店的目标客户进行分类，不同客户所占总比重的百分比分别为：_____

_____。

每种类型的客户的需要分别为：_____。

任务二　熟悉网店买家购物心理

必须弄清楚买家的心理，知道他(她)在想什么，然后才能根据情况，进行有针对性的有效沟通，进而加以引导，因此洞悉买家的购物心理极其重要。

一、买家常见的五种担心心理

(1) 卖家信用是否可靠。策略：对于这一担心，我们可以用交易记录等来对其进行说服。

(2) 价格低是不是产品有问题。策略：针对这一担心，我们要给买家说明价格的由来，为什么会低，低并非质量有问题。

(3) 同类商品那么多，到底该选哪一个。策略：可尽量以地域优势(如快递费便宜)、服务优势说服买家。

(4) 交易安全：　交易方式——支付宝？私下转账？当面？策略：可以支付宝安全交易的说明来打消买家的顾虑。

(5) 收不到货怎么办？货实不符怎么办？货物损坏怎么办？退货邮费怎么办？买家迟迟不付款、犹豫。策略：可以以售后服务、消费者保障服务等进行保证，给予买家信心。

做一做　如何消除网店买家心里不安？

二、买家网上消费心理分析及应采取的相应策略

销售人员想要销售自己的产品，了解客户的消费心理是非常重要的，只有知道客户想要的是什么，销售人员才能投其所好，销售自己的产品。归纳起来，顾客的消费心理主要

有以下 11 种。

1. 求实心理

这是顾客普遍存在的心理动机。他们购买物品时，首先要求商品必须具备实际的使用价值，讲究实用。有这种动机的顾客，在选购商品时认真、仔细，特别重视商品的质量效用，讲求朴实大方，经久耐用，而不过分强调外形的新颖、美观、色调、线条及商品的"个性"特点。

策略：在商品描述中要突出产品实惠、耐用等特点。

2. 求美心理

爱美之心，人皆有之。有求美心理的人，喜欢追求商品的欣赏价值和艺术价值，在中、青年妇女和文艺界人士中较为多见，在经济发达国家的顾客中也较为普遍。他们在挑选商品时，特别注重产品本身的造型美、色彩美，对环境的装饰作用，以便达到艺术欣赏和精神享受的目的。

策略：化妆品、服装的卖家，要注意在描述中写明"包装""造型"等字眼。

3. 求新心理

求新心理是指客户在购买产品时，往往特别钟情于时髦和新奇的商品，即追求时髦的心理。客户通过对时尚产品的追求来获得一种心理上的满足。求新心理是客户普遍存在的心理，在这种心理左右下，客户表现出对新产品的独特的爱好。

追新求异是人的普遍心理和行为，满足客户的求新心理也是推销员所进行推销工作的一个重点。求新心理的利用主要是针对追求新异的客户。当然每一个客户都不同程度地追求新异，因此求新心理可以普遍利用。

策略：只要稍加劝导，突出"时髦""奇特"之类字眼，并在图片处理时尽量鲜艳即可。

4. 求利心理

这是一种"少花钱多办事"的心理动机，其核心是"廉价"。有求利心理的顾客，在选购商品时，往往要对同类商品之间的价格进行仔细的比较，还喜欢选购折价或处理商品。

客户有求利心理的主要原因有以下几个方面：

(1) 经济收入不太充裕和勤俭持家的传统思想。这种状况和思想在我国普遍存在，它要求用尽可能少的经济付出求得尽可能多的回报。

(2) 习惯性购买。由于以往过着相当清贫的生活，因此对产品的要求也相当低，只要产品价格最低，质量是很无所谓的。抱有这种心理的客户对产品的唯一要求就是绝对要便宜。但是往往是这类客户花了最多的钱，却没有买到理想的商品。

"少花钱多办事"的顾客心理动机，其核心是"廉价"和"低档"。

策略：只要价格低廉就行。

5. 求名心理

求名心理是指相当多的客户在购买产品时，喜欢选择自己熟悉的产品，而在熟悉的商品中，又特别喜欢购买名牌产品。

在客户眼中，名牌代表标准，代表高质量，代表较高的价格，也代表着客户的身份和社会地位。客户往往会为了追求产品的质量保证，或者为了弥补自己产品知识的不足而选购名牌产品。当然也有些客户购买名牌是为了炫耀或者显示自己与众不同的身份和地位，以求得到心理上的满足。

具有这种心理的人，普遍存在于社会的各阶层，尤其是在现代社会中，由于名牌效应的影响，吃穿住行使用名牌，不仅提高了生活质量，更是一个人社会地位的体现。

顾客消费动机的核心是"显示"和"炫耀"，同时对名牌有一种安全感和信赖感。

策略：采取投其所好的策略即可。

6. 从众心理

客户的从众心理是指客户在对产品的认识和行为上不由自主地趋向于同多数人相一致的购买行为。

从客户的主观因素方面考虑，主要原因有以下几个方面：

(1) 客户本人的性格。如果客户是意志薄弱型和顺从型的性格，他的从众心理会很强。

(2) 客户由于对产品知识的缺乏而导致的自信心不足。

(3) 客户从利益角度分析，认为随着大多数人购买总会得到好处，不可能多数人都判断失误；即使上当，也是一起上当，以求得心理上的平衡。

策略：可以根据这种心理描述文字，再加上价格的优势，很容易聚拢人气。

7. 偏好心理

这是一种以满足个人特殊爱好和情趣为目的的购买心理。有偏好心理动机的人，喜欢购买某一品牌。这种偏好性往往同某种专业、知识、生活情趣等有关。因而偏好性购买心理动机也往往比较理智，指向也比较稳定，具有经常性和持续性的特点。

策略：对于这类顾客，只要了解他(她)们的喜好，就可以在产品文字描述中强调商品的新奇独特，再加一些"值得收藏"之类的话，并赞美她们"有远见""识货"。

8. 自尊心理

有这种心理的顾客，既追求商品的使用价值，又追求精神方面的高雅。他们在购买行动之前，就希望受到推销员的欢迎和热情友好的接待。经常有这样的情况，有的顾客满怀希望地进店，一见销售顾问冷若冰霜，就转身而去。

策略：在与他们沟通的过程中，要让这类顾客感觉你是真诚的，是在为他们着想，时刻维护他们的自尊心。

9. 疑虑心理

这是一种瞻前顾后的购物心理动机，其核心是怕"上当""吃亏"。他们在购买物品的过程中，对商品的质量、性能、功效持怀疑态度。因此，客户会反复向销售顾问询问，并非常关心售后服务，直到心中的疑虑解除后，才肯掏钱购买。

策略：和顾客强调客服确实存在，产品的质量经得起考验。

10. 安全心理

有这种心理的人，他们对欲购的物品要求必须能确保安全，质量和安全性不能出任何问题。因此，他们非常重视汽车的质保期、有无瑕疵、电器有无漏电现象等。在销售顾问解说后，才能放心地购买。

策略：给予解说，并且用上"安全""环保"等字眼，效果往往比较好。

11. 隐秘心理

有这种心理的人，购物时不愿为他人所知，常常采取"秘密行动"。他们一旦选中某件商品，而周围无旁人观看时，便迅速成交。青年购买和性有关的商品时常有这种情况。

了解客户的心理是非常重要的，但是有一点你也应该知道：怎么寻找你的客户。下面给大家介绍一款能够帮助销售人员找客户的手机 App 软件，如寻客 App，可以找客户和管理客户，有需求的朋友自己可以下载了解详情；另外，大家在客户直通车网上注册一个账号，可以查看最新企业名录，里面收录的都是中高端客户，自己一定要好好把握这些资源。

策略：有顾客不愿别人知道所购买的东西，我们可以强调隐秘性。

成功案例：

绅贵旗舰店成交记录

1. 欢迎用语

您好，欢迎光临绅贵旗舰店！

现在由我(客服：理想)为您服务。请问有什么可以为您服务的吗？

2. 对话用语

亲，您说的我的确无法办到。希望我下次能帮到您。

好吧，如果您相信我个人的意见，我推荐几款，纯粹是个人意见啊。

亲，您的眼光真不错，我个人也很喜欢您选的这款。

您好，我们家宝贝的价格是这样的，价格便宜的是我们的衣服直接打了折扣回馈给你们的，但是质量是过硬的哦，在网上同价位的 YY 是不能和我们相比的哦，贵的成本很高，质量是过硬的。

3. 砍价的对话

亲，您好，我最大的折扣权利就是满 200 元免邮哦，谢谢您的理解。

呵呵，这真的让我很为难，我请示一下组长，看能不能给您一些折扣，不过估计有点难。亲，请您稍等……

非常抱歉您说的折扣很难申请到，不过可以送您个小礼物。我可以再问一下，否则我真的不好办。

亲，感谢您购买我们的产品，合作愉快，欢迎下次光临。

亲我们是正规厂家生产，直接进入正规的商厦和专卖店的哦。

品质保证！价格呢已经调到最低利润了，恳请谅解……谢谢哦。

4. 支付的对话

客户付款后迅速地对话，能给客户专业的信任感。

亲，已经为您修改好价格了，一共是××元，您方便时付款就行，感谢您购买我们的产品。

亲，已经看到您支付成功了，我们会及时为您发货，感谢您购买我们的商品，有需要请随时招呼我。

不客气，期待能再次为您服务。祝您每天好心情！

5. 物流对话

大多数客户购买产品的时候纠结快递时间，统一回答就可以解决客户的重复问题。

江浙沪一般 1~2 天，如快递公司不耽误，发货的第二天就可以收到。

江浙沪以外的一般 3~5 天，偏远地区一般 5~7 天。

快递公司：默认为圆通快递。

温馨提醒：收货时，请当快递员的面拆包验货，检查箱子或快递包外包装及封条是否完整，请当场验货后确认无误再签收，签收后出现运输问题我们无法处理！

温馨提醒：邮局包裹，因为要先签收才能给包裹，所以提醒各位买家，拿到包裹后一定当场打开验货，如有疑问及时联系邮局开具证明。如果不验货拿回家后有任何疑问均不负责！收到货后没什么问题的话，希望可以尽快完成交易并互给好评。谢谢各位亲爱的好朋友，希望购物愉快！

温馨提醒：由于各地的快递公司服务质量参差不齐，我们不能完全保证他们的送货服务质量，毕竟我们是委托快递公司帮我们发货，不是我们自己送，当地快递公司造成的各方面服务质量投诉，我们也会尽量配合查询工作，谢谢！

6. 售后对话

您好，是有什么问题让您不满意吗？如果是我们快递公司的原因给您带来不便，我们很抱歉给您添麻烦了。我们公司实现无条件退换商品，亲，请您放心，我们一定会给您一个满意答复。

亲，请您放心，我们公司会给您一个满意的解决方式，但您需要配合的是：第一，发送破坏的商品图案照片给我们；第二，您认为瑕疵不可以接受，根据您的照片情况，您可以选择退货或者是换货，这个事情给您添麻烦了，请接受我的歉意。

7. 发货后的温馨提示

亲爱的××(可以是买家 ID)，我是××号客服。感谢您购买我们的商品，我们已经发货，如在收到商品后不喜欢或不满意，我们会无条件为您退换商品。如有其他售后服务问题，请您一定记得与我们联系，您可以通过淘宝旺旺或者直接拨打电话：××，我们会立刻为您解决直到您满意。如果您对我们的产品和服务满意，请记得给我们 5 分好评哦！

任务三　熟悉网店客户的管理

【导入案例】

茫茫人海，何处寻找潜在客户？

一名刚参加工作的销售人员因为找不到顾客而心灰意冷，向主管提出辞职。

主管问他："为什么要辞职？"

他回答："找不到客户，没有业绩，只好不干了。"

主管拉着这位销售人员走到窗口，指着大街问他："你看到什么没有？"

他说："人！"

主管问："除此之外呢？"

他回答："除了人，就是大街。"

主管又问："你再看看。"

他说："还是人啊！"

主管说："在人群中，你难道没有看到许多潜在客户吗？"

一、搜寻网店潜在目标客户

寻找目标客户的步骤主要有以下几个。

1. 识别客户群体

识别客户群体，可以从以下几个方面进行分析：

(1) 对企业收入来源进行分析，即分析能够为企业提供收入来源的客户群体。在初步确定目标客户群体时，必须关注于企业的战略目标，它包括两个方面的内容，一是寻找企业品牌需要特别针对的具有共同需求和偏好的消费群体；二是寻找能够帮助公司获得期望达到的销售收入和利益的群体。通过分析客户可支配收入水平、年龄分布、地域分布、购买类似产品的支出统计，可以将所有消费者进行初步细分，筛掉因经济能力、地域限制、消费习惯等原因不可能为企业创造销售收入的消费者。

(2) 对购买决策者的分析。不同的客户对商品的急需程度、经济条件、所处的环境要求不同，但购买决策的内容几乎相同，其决策内容主要包括购买原因、购买对象、购买数量、购买地点、购买时间、购买方式、购买者等方面。

在购买活动过程中，客户决策类型多样，不同的客户有着不同的消费决策类型。由于主客观因素的不同，客户的购买决策类型差别较大。根据决策主体不同进行划分，可分为个人决策、家庭决策、社会协商决策；根据决策问题性质不同进行划分，可分为战略性购买决策、战术性购买决策；根据客户对商品的熟悉程度和购买决策的风险大小进行划分，可分为复杂性购买行为、选择性购买行为、简单性购买行为以及习惯性购买行为。

(3) 对受益者的分析。客户购买商品后，往往通过使用或消费，检验自己的购买决策；重新衡量购买是否正确；确认满意程度等，作为今后购买的决策参考。

按照"顾客满意度"理论的解释，客户购买产品以后的满意程度取决于购买前期望得到实现的程度。如果感受到的产品效用达到或超过购前期望，就会感到满意，超出越多，满意感越大；如果感受到的产品效用未达到购前期望，就会感到不满意，差距越大，不满意感越大。

思考：结合表 2.2 分析投影仪生产商的目标客户是谁？

表 2.2 某投影仪生产企业客户群体的识别与分析

分析指标 ＼ 客户群体	主要的客户群体	对该群体主要特点的分析
为企业提供收入的客户群体	(1) 各类大中专院校、城市各类中小学校。 (2) 政府机关、企事业单位、酒店等。 (3) 农村中小学校	(1) 学校群体需要大量的投影仪作为教学设备。 (2) 政府机关、企事业单位、酒店等都有会议室，有会议室就需要投影仪。 (3) 农村中小学校大部分由于资金问题目前可能还没有投影仪
产品或服务的主要购买决策者	单位主管领导……	单位主管领导能权衡总体，在数量上、资金上进行决策

2. 整理客户资料

在网店产生过购买行为的消费者，我们应及时将他们的个人信息和消费情况进行整理汇总，作为重要的客户资料登记在册。建立了客户信息档案，我们就可以随时查询顾客的消费记录，可以从他们的购物清单和购物频率等信息中分析其消费习惯及消费偏好，以便调整我们的经营方向，提高服务水平，针对顾客的需求及时开展各种促销宣传和个性化的推广活动。建立客户信息档案，我们可以自行设计 Excel 表格来录入客户资料，也可以在网络上下载"网店管家"一类的软件来进行专门的客户资料管理。

1) 用 Excel 表格建立客户档案

建立 Excel 客户档案的好处是操作灵活方便，不需要联网也可以随时调取和运用，只要有基本的电子表格操作基础，就可以很好地进行批量录入和编辑。制作 Excel 表格时可以采用如图 2.2 所示的样式。

	A	B	C	D	E	F	G	H	I	J
1	交易日期	用户网名	真实姓名	联系电话	EMAIL	收货地址	成交金额	会员级别	赠品	备注
2	19.1.10	宝贝	王佳	5277777	1111222@qq.com	湖南省衡阳市****	￥208.00	绿钻	购物券	
3	19.1.10	乐乐	李峰	4000000	1212334@qq.com	广东省****	￥521.00	黄钻	购物券	合并订单
4										
5										
6										
7										
8										
9										
10										
11										
12										
13										
14										
15										
16										
17										
18										
19										
20										
21										
22		黄钻会员								
23		绿钻会员								
24		红钻会员								
25										
26										

图 2.2　Excel 客户管理表格

 做一做　建立 Excel 客户管理表格。

(1) 建立一个 Excel 表格，名称为"客户信息档案"，保存在电脑非系统盘里。

(2) 打开"客户信息档案"表格，依次建立以下档案项目：交易日期、顾客网名、真实姓名、电子邮箱、联系电话、收货地址、购买商品、成交价格。

(3) 除了以上要求的档案项目外，你认为还可以增加哪些有意义的档案项目？记录这些信息将对你有什么样的帮助？

2) 利用软件收集客户数据

客户管理软件是每一个商业经营者都会关注的客户关系维护数据库。很多网站可以提供免费的客户关系管理软件，但大多数比较实用的软件都需要付费。如图 2.3 和图 2.4 是阿里巴巴为淘宝用户量身定做的 Alisoft 网店版管理软件的各版块界面，利用这个软件，网店卖家可以很好地收集往来客户的各方面数据，全面掌握网店经营的状况，为自己的经营决策提供有效的依据。

图 2.3　阿里巴巴网店版管理软件

图 2.4　网店版用户界面

3) 发掘潜在客户

企业通过各种方式接近客户，即在客户购买商品或者接受服务前，企业努力接近客户并相互了解的过程。

3. 选择客户调查方法

客户调查方法主要有观察法、询问法、头脑风暴和德尔菲法、专家座谈会、函询等。

4. 设计和分析调查问卷

设计和分析问卷时，应巧妙设置表单字段逻辑，通过这样的设置能进一步筛选出符合的用户群体。

5. 潜在客户的判断

潜在客户主要有三种，一是对商品有需求的客户；二是有能力付款的客户；三是有可能见面的客户。

知识窗：

什么样的人才能成为目标客户？目标客户又应该具备哪些条件或要求？如图 2.5 所示的 "MAN" 法则可以作为参考。

目标客户的 "MAN" 法则

- M（money）：必须具有购买能力
- A（authority）：对购买行为有决定、建议或反对权力的决策人
- N（need）：对产品或服务有需求。

M	有	A	有	N	有
m	无	a	无	n	无

图 2.5　目标客户的 "MAN" 法则

寻找客户是成功营销的起点，只有找到恰当的客户，清楚他们的需求，才有可能顺利地进行销售。在寻找客户过程中，切忌盲目，必须先掌握寻找客户的具体方法和技巧。那么如何寻找潜在客户呢？方法如下：

一是缘故法。可以通过亲戚关系、同事关系、朋友关系、师生关系、老乡关系，也可以采用业务员亲自上门、邮件发送、电话与其他促销活动结合进行的方式展开。我们可以"兔子"先吃"窝边草"。使用这个方法的关键是业务员必须注意培养和积累各种社会关系，为现有客户提供满意的服务和可能的帮助，并且要虚心地请求他人的帮助。口碑好、印象好、乐于助人、与客户关系好、被人信任的客户经理一般都能取得有效的突破。

二是寻求专业人士帮助，如找代理商。最好的办法是客户介绍客户，成功率最高。优秀业务员在有了几个原始客户以后，就会认真服务好这几个客户，和他们做朋友，等到熟悉了，就开口让他们介绍同行或者朋友给你。

三是资料查阅寻找法。资料查阅寻找法指通过查阅各种有关情报资料(包括但不限于政府部门资料，行业和协会资料，国家和地区的统计资料，企业黄页，工商企业目录和产品目录、电视、报纸、杂志、互联网等大众媒体，客户发布的消息，产品介绍，企业内刊等)来寻找客户。

四是网络搜索。我们可以通过关键字去搜索，如在百度输入我们要找的客户生产的产品名字；也可以通过专业的网站来找客户，如阿里巴巴等，这样我们可以找到很多客户的名单，还可以找到客户的手机号码和姓名等。

知识窗：

阿里巴巴集团总结了一条销售法则，如图 2.6 所示。

阿里销售十年来沉淀的法则：

销售80%是因为找对客户

20%才是搞定客户

图 2.6　阿里销售十年来沉淀的法则

6. 开发目标客户

第一，分析你的产品、公司和你在行业中有什么独特的优势。

第二，谁最迫切需要这些产品。

第三，分析什么样的客户会因为拥有你的产品里的优势而得到好处。

第四，分析这些人会在哪里出现。

第五，到他们经常出现的地方去找到他。

 做一做

1. 是不是所有的消费者都是企业的客户？

2. 企业如何找到自己的客户？

二、管理网店现实客户

（一）做好客户跟踪服务

当有人在网店购买过一次商品后，就从潜在顾客成为了现实的客户。对已经发生交易的客户数据进行翔实的记录后，卖家就有了继续跟踪的条件，要通过有意识的跟踪服务，培养客户的品牌忠诚度，将客户流失率降到最低。可以定期或不定期通过电话、电子邮件、交流软件留言等方式询问买家使用商品或服务的感受。是否对所提供的商品感到满意？最满意的是哪方面？如果不满意，能够提出哪些改进建议？通过卖家周到的售后跟踪，买家会感到自己作为客户是受到尊重和重视的，会加深对卖家的正面印象，从而建立起对卖家的信任，在下一次有相同或相似产品的需要时，会优先考虑关心其感受的卖家。如果卖家还经营不同种类的商品，可以在与客户的交流沟通中传递相关的商品信息，给客户更多可供选择的机会，也能够更多地促成商品的成交。

（二）客户关怀

因为网络经营的特点，我们一般情况下见不到客户本人，所以在与客户交往的过程中，应该尽力让客户感受到我们的关心，通过点点滴滴的关怀，让客户感受到网店经营者的诚意和爱心。

1. 温馨提示

在交易过程中，卖家可以将每一个环节的处理过程和交易状态及时通知买家，并提醒买家处理相应的流程。如通过手机短信、阿里旺旺留言，通知买家发货时间、物流状态、确认收货、使用注意事项等，买家能够及时收到关于订购商品的在途信息，也就会提高对卖家的信任度。在对方收到货之后，及时提醒使用时的注意事项和售后服务的要求，以及进行后期跟踪提醒等，能够极大地促进双方的长期合作。

2. 节日问候

通过 E-mail、交流平台或手机短信等方式，在所有节日及时送上网店署名的小小问候，更加能够让客户体会到商家的真诚和关爱。

3. 生日祝福

在能够获得生日信息的客户生日当天，以各种关怀方式发送网店的生日祝福，能够给客户一份暖心的感受，同时可以采取一些营销的技巧，比如生日当天购买商品给予优惠等，也能够吸引一部分老客户的再次光顾。

(三) 提高顾客满意度

顾客满意度通常以三个指标来衡量：顾客的期望值、产品和服务的质量、服务人员的态度与方式。卖家应从这三个方面了解交易过程中容易与买家发生的纠纷，努力加以避免，就能有效地提升顾客满意度。

1. 从顾客期望值的角度来看，容易出现的纠纷

(1) 过度承诺与超限销售。如有的卖家承诺包退包换，但是一旦买家真实提出要求退换时，却一再找理由拒绝。

(2) 故意隐瞒商品状况。在图片、描述中过分宣传产品的优势性能，却忽略或淡化一些关键的不良信息，模糊买家的注意力。买家在收到实际商品后，发现商品存在与预想不符的状况，就会产生失望感，这时卖家就容易遭到投诉。

(3) 对买家提出的各种要求不理解，不能正确把握买家需求，推荐的商品与买家希望购买的商品功能不符。

顾客期望值是最容易引起买家关注并会据此来判断商家的产品和服务是否能够满足他们需要的重要指标。一般来说，顾客的期望值越大，购买产品的欲望就越大。顾客的期望值越高，满意度却越小；而当顾客的期望值适当降低时，满意度会上升。商家如果对顾客的期望值处理不当，尤其是定位超高时，就很容易导致买家产生抱怨。

2. 从产品或服务质量角度来看，容易出现的纠纷

当产品存在缺陷，有质量问题；产品的包装不当，导致产品在运输途中损坏；产品出现与用户要求不符的小瑕疵；买家使用不当导致商品发生故障时，都会产生纠纷。

3. 从服务人员的态度与服务方式角度来看，容易出现的纠纷

(1) 卖家服务态度差。对买家缺乏必要的尊重和礼貌；语言不当，用词偏颇，引起买家误解。

(2) 推销方式不正确。在推销过程中采用的方法不当，不适合自己网店所经营商品的

特点，从而导致买家购买了不需要的商品。

(3) 缺乏对商品相关知识的掌握，无法正确回答买家的提问或是答非所问。

(四) 掌握处理纠纷的策略与技巧

在处理顾客纠纷时，要掌握以下几个原则：

1. 重视买家的抱怨

不要轻易忽略买家提出的任何一个问题，因为买家的投诉或抱怨往往存在着商机，卖家很有可能从这些抱怨中发现一些深层的原因，以此来诊断内部经营与管理中存在的问题，从而促进网店经营管理水平的提高。同时，买家的抱怨也是一种沟通，表示用户重视你的服务和产品，如果卖家能够进行有效处理，就能够赢得更多忠诚客户。

2. 分析客户抱怨的原因

要有针对性地找出买家抱怨的深层次原因，有时看似买家对商品本身的质量或者功能不满，但通过分析后，发现用户更多的是对商家的服务态度或者服务方式不满。如客户购买了一件需要的商品，却发现商品存在不影响使用的瑕疵，当向卖家提出后，卖家却予以否认，并且采取不当态度对待客户，此时买家就产生了抱怨并可能进一步提出对产品质量的投诉。在这种情况下，买家的不满是针对卖家服务态度的。

3. 准确及时地解决问题

当买家发生抱怨或投诉时，应该在最短的时间、用最准确的处理方式、最快速地予以答复，千万不能拖延或回避。如果买家认为自己没有受到足够的重视，他们的不满将更加强烈。即使卖家通过调查发现，出现问题的主要原因在于客户，也应当及时通知对方，并给出正确的处理建议，而不能简单地置之不理了事，否则将失去客户的信任，从而流失订单。

4. 认真记录每一笔买家投诉及其解决进程

经过一段时期的积累与总结，卖家可以找出经营过程中的弱点与漏洞，准确地判断是商品本身的问题，还是售后服务问题，或者是配送问题。根据不同环节的投诉情况有针对性地及时改进，久而久之，就能够不断改进产品和服务质量，提升管理水平。

5. 及时跟踪买家对纠纷处理的反馈意见

买家对纠纷处理方式的满意与否，直接决定着他下次会不会再次成为卖家的客户，所以了解客户的反馈意见，是一个非常重要的环节。如果买家对处理结果不满，必须继续跟进处理，直到其认为满意为止，以免因为一个客户的不满而产生辐射效应，导致网店失去很多潜在客户。

6. 保持良好的态度

(1) 平常心态。商家遇到客户抱怨或投诉的情况是很正常的，不要因为与买家发生纠纷就采取过激行为或情绪，处理纠纷的过程也应以平常心对待，而不要把个人的情绪变化带到处理过程。当你用微笑或者热情积极的态度去解决问题时，客户的情绪也会平静下来，从而双方能够平心静气地一起寻求解决途径，也可以避免纠纷升级。

(2) 换位思考。卖家应体谅客户的心情，站在买方的角度进行反思，分析如何解决问题，"如果我碰到相同的情况，我的心情会是怎样的？我希望能够得到怎样的处理方式？"体会客户的真正感受，找到最切实有效的方法解决问题。

(3) 学会倾听。大部分情况下，客户只是希望有人能够认真聆听他们的抱怨，以此来表达不满，对问题的实际解决与否并没有太多要求。如果买家此时敷衍了事或者喋喋不休地做出解释，只会使客户更加气愤。此时不妨抱着改进工作的态度，认真倾听客户说些什么，并以真诚谦虚的态度对待客户，问题就会更容易解决。

知识窗：

客户类别如图 2.7 所示。

A 类客户：企业首要的客户，也是企业应当尽最大努力要留住的客户。

B 类客户：具有相当潜力的客户，对这类客户的维护，企业应有相当的投资保障。

C 类客户：企业的核心客户，企业应逐步加大对这类客户的投资。

D 类客户：企业没能争取到的客户，由于一些不可控因素的影响，客户的生命周期即将结束，企业应尽量减少对这类客户的投资。

E 类客户：企业的低级客户，企业应当缩小对其投资的力度。

F 类客户：无吸引力的客户，企业应当考虑撤资，终止为这些客户提供服务。

图 2.7　客户类别

阅读材料:

挖掘客户价值应"区别对待"

莎士比亚说:"闪光的不一定都是金子";同样,客户也不一定都是上帝。一项研究表明,在客户开发工作上,平均有38%的潜在客户白白浪费了企业的时间和精力,企业最终还是放弃了这些客户。

当"小康之家"邮购公司的系统中"库存"了800万条客户信息时,他们并没有盲目地让这800万条邮购目录"倾巢出动",而是明确意识到,在庞大的数据库中并不是所有人都能成为客户,都能够为公司带来利润。相反,很可能其中一大部分只是消耗公司的成本而不创造任何利润。企业要做的就是筛选价值型客户,将"海量"客户中最有价值的那部分筛选出来,并让他们的价值最大化。

职业能力训练:

1. 用搜索引擎搜索一款免费的客户关系管理软件,下载并应用。以3～5位同学的个人资料作为客户原始资料进行操作管理。客户关系管理必须包括以下内容:输入客户详细信息;向客户发送商品打折提示信息;向客户发送生日祝福。

2. 在淘宝搜索一些网店获得的中评和差评,并进行对比分析,找出买家对哪些环节(商品质量、服务态度、物流或者其他)产生的不满,并提出改进建议和解决方案。

3. 对以下卖家得到的差评作出你的处理方案。

产品:新款 2395 家庭保健药箱

[差评]:货和我要的数量不一样。我要三个医药盒,可只发给我了一个,也没提前通知我。

知识拓展:

某公司的管理制度

1. 上班时间

白班 9:00—15:00,晚班 15:00—凌晨 0:00,每周单休,做六休一,休息时间由主管轮流安排,晚班客服下班时间原则上以 0 点为准,如还有客户在咨询,接待客服工作自动延长。白班客服下班前要和晚班客服做好工作交接,晚班客服下班前把交接事项写在交接本上。未交接或已交接而忘了没有及时处理给公司带来损失时一次罚款 10 元,第二次翻倍,达到三次以上自动离职。

2. 每位客服一本备忘录

在工作过程中,每遇到一个问题或想法马上记录下来后,第一时间向客服主管反映问题。反映的问题经公司采纳按重要程度奖励 10～100 元不等。相关办公文件到行政部登记领取，如有遗失，自己补足。

3. 每周一早上 10:00 召开公司例会

晚班客服 17 点由部门经理主持会议，传达早上的会议内容。客服主管必须将上一周每个员工在工作中发生的问题及接下来需要改进的地方找出合理的解决方法并告诉每个客服。

4. 在工作中要学会记录

空闲的时候可以记录自己服务的客户的成交比率，看看没成交的原因在哪里，可查看其他优秀客服的聊天记录作为学习之用，有了对比才会知道问题出在哪里。

5. 新产品上线前

由商品采购部同事负责给客服上课，介绍新产品，客服必须在新产品上架前掌握产品相关知识。

6. 接待好来咨询的每一位顾客

文明用语，礼貌待客，不得影响公司形象，顾客找上门后应在 30 秒内打招呼，每延迟 30 秒扣 5 元，如果一个自然月内因服务原因收到买家投诉或与顾客吵架，一次罚款 50 元，第二次翻倍，达到三次以上自动离职。

7. 每销售完一笔订单

每销售完一笔订单，都要到该笔交易订单里面备注自己的工号，以便业绩考核系统抓取订单计算提成，如没备注，少算的提成自己承担损失；如果客户有特殊要求的，还要在备注上插上小红旗。

8. 如遇客户需要添加订单的情况

先查看该客户的订单备注信息，若制单客服备注该笔订单已读取，让客户另付邮费；若没有制单备注，第一时间联系制单客服添加订单。

9. 上班时间不得迟到、早退

有事离岗需向主管请示，如需请假，事先联系部门经理，参考员工薪资管理制度。

10. 上班时间不得做与工作无关的事情

非 QQ 客服，除阿里旺旺外，一律不准上 QQ、看电视和玩游戏，严禁私自下载安装软件，违者罚款 10 元/次。

11. 上班时间可以听音乐

只允许带一边耳机听音乐，为防止同事之间沟通不便，如有同事正在电话沟通客户，请自觉小声谈话，不得大声喧哗。

12. 上班时间服装穿着不做严格规定，但不许穿拖鞋及过于暴露的服装。

13. 没顾客上门的时候，到店铺查看并多掌握产品相关的业务知识。

14. 保持桌面整洁，保持办公室卫生，每天上班前要清洁办公室，每个人负责自己的责任区域，不按时清洁的违者罚款 10 元 1 次。

15. 恪守公司秘密，不得将同事联系方式随意透露给他人，违者罚款 10 元/次。

16. 所有罚款存入部门基金箱，透明操作，作为部门活动经费。

17. 其他未尽事项由部门经理决定。

项目 3　售前客服技巧

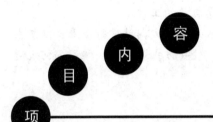

任务一：熟知第三方平台规则

任务二：运用客服常用工具

任务三：熟知售前接待流程

任务四：了解客服沟通技巧的组成

 情境导入

　　张静上班第一天就接受员工培训，培训老师布置的第一个任务是熟悉天猫规则，然后接受测试。于是张静打开计算机，开始收集、查看天猫规则，希望能在测试中取得好成绩，给培训老师及公司留下好印象。

　　网店售前客服利用网络接待客户，并通过一定的沟通技巧获取信息，为客户提供产品介绍、产品推荐，以及解决客户疑问等服务，促使客户做出购买决定，促成订单。售前客服接待的好坏不仅直接影响店铺的销量，还对品牌形象、店铺信誉等产生影响。

 目的及要求

　　1. 了解第三方平台的含义、特点，熟悉第三方平台的规则

　　2. 认识常见的即时通信工具

　　3. 能运用阿里旺旺接待客户

　　4. 领会客服的职业技能标准，模仿客服的基本礼仪

任务一 熟知第三方平台规则

【导入案例】

"11.11"马上就要到了，部门里的客服人手不够，这时主管安排张静学习公司最常用的几种工作平台，以便能够尽快地投入到工作中。张静对公司的内部结构已经有了一定的了解，接下来她将认识网络客服的工作平台，进一步熟悉自己的工作。

张静要想收集、查看最新、最全的天猫规则，可进入天猫官方网站进行查看；要想在测试中取得好成绩，要重点关注与企业利益息息相关的"处罚方式"介绍，学习如何规避违规行为。

一、电子商务网站规则

电子商务网站规则是指网站对用户(买方和卖方)增加基本义务或限制基本权利的一系列条款。

电子商务企业无论是自建平台，还是借助第三方平台开展电子商务活动，都必须遵循一定的电子商务交易规则。

第三方电子商务平台按照特定的交易与服务规范，为买卖双方提供服务，并针对买卖双方制定一系列的规则，来约束买卖双方的行为。如第三方电子商务平台"天猫"的规则主要有卖家规则、消费者规则、交易规则、商品排名规则、评价规则、交易纠纷规则等。

不同的第三方平台的规则不尽相同，同一网站规则也不是一成不变的，会根据具体情况发生变换，用户要不断关注网站规则变化情况，规避一些违规行为。

👆 做一做：第三方平台的含义、特点，第三方平台的规则。

二、了解淘宝第三方平台——天猫

目前越来越多的企业利用第三方平台开展网络营销活动，本节以第三方平台"天猫"为例，了解"天猫"规则，掌握"天猫"规则中的处罚方式，学习常见的规避违规的方法等，为做一名合格的"天猫"客服进行一定的知识储备。

"天猫"(www.tmall.com)创立于2008年4月，致力于为日益成熟的中国消费者提供选购顶级品牌产品的优质购物体验。"天猫"(Tmall，亦称淘宝商城、天猫商城)，是一个综合性购物网站。2012 年 1 月 11 日上午，淘宝商城正式宣布更名为"天猫"。"天猫"是淘宝网打造的再现自 2008 年 4 月 10 日建立淘宝商城以来，众多品牌包括 kappa、Levi's、Esprit、Jackjones、乐扣乐扣、六防、苏泊尔、联想、惠普、迪士尼、优衣库等在"天猫"开设的官方旗舰店，受到了消费者的热烈欢迎。

无规矩不成方圆，在"天猫"平台有非常多的规则，"天猫"客服在学习应该怎么做之前，必须要知道什么事不能做。

查看"天猫"规则的步骤如下：

1．进入"天猫"网站

在地址栏输入"天猫"的网址 www.tmall.com 或利用百度搜索"天猫"官网，单击进入"天猫"首页，如图 3.1 所示。

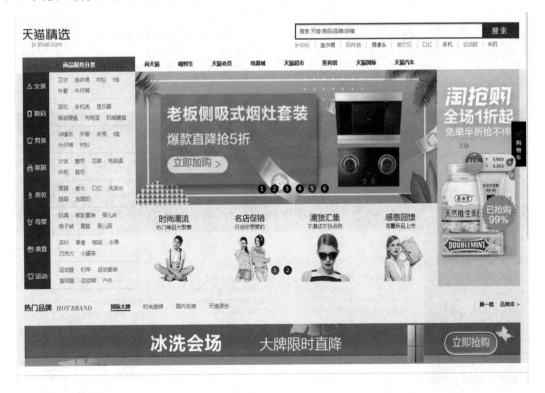

图 3.1　"天猫"官网首页

2. 进入"天猫"规则网页

将鼠标移至网页右侧滚动条处，按住滚动条拖至网页最下方，出现如图 3.2 所示页面，单击"商家服务"下的"天猫规则"，进入"天猫规则"页查看。

图 3.2　"天猫"官网首页底端

也可直接在浏览器中输入"天猫规则"网址：http://guize.tmall.com，单击链接进入图 3.3 所示的"天猫规则"网页。

图 3.3　天猫规则

3. 查看"天猫规则"

分别查看"天猫规则"页中的"招商规则""天猫规则""营销规则""消费者规则"，然后单击"规则地图"，在进入的网页中单击"天猫规则"或在关键词文本框中输入"违规管理"，认真查看规则内容，完成以下题目的填写：

(1) 天猫规则是为了 (　　　　　　　　　)而制定的。

(2) 学习"违反天猫规则的行为"相关内容，完成表 3.1 的填写。

表 3.1　违反天猫规则的行为分类

编号	行　为	共几项	具 体 介 绍
1			
2			

(3) 了解"天猫违规处理措施"，完成表 3.2 的填写。

表 3.2　天猫违规处理措施

编　号	违规处理措施	详 细 介 绍
1	店铺屏蔽	
2	删除评价	
3	限制评价	
4	限制发布商品	
5	限制发送站内信息	
6	限制社区功能	
7	限制买家行为	
8	限制发货	
9	限制使用阿里旺旺	
10	关闭店铺	
11	公示警告	
12	查封账户	

(4) 了解"'天猫'对会员的严重违规行为采取的违规处理方式",完成表 3.3 的填写。

表 3.3 "天猫"对会员的严重违规行为采取的违规处理方式

商家违规行为		处 理 方 式
严重违规	扣分累计达 12 分	
	扣分累计达 24 分	
	扣分累计达 36 分	
	扣分累计达 48 分	
一般违规	每次扣 12 分	
	违背承诺或滥发信息	

(5) 了解"严重违规"行为,完成表 3.4 的填写。

表 3.4 "天猫"严重违规行为的内容

编号	严重违规行为	具 体 介 绍
1	发布违禁信息	
2	盗用他人账户	
3	泄露他人信息	
4	骗取他人财物	
5	出售假冒商品	
6	假冒材质成分	
7	出售未经报关的进口商品	
8	扰乱市场秩序	
9	发布非约定商品	
10	不正当谋利	
11	拖欠淘宝贷款	

三、规避常见的违规行为

分析常见的"严重违规行为"。阅读下面的案例，分析此种违规行为是什么？该如何规避？

买家 a 买东西，用 b 的地址拍下，后 a 和商家客服核对地址，商家客服贴出 b 地址后，b 投诉商家泄露自身信息给 a，因此商家在将消费者信息给到第三方的同时务必征得消费者的同意。未经同意，切勿将消费者信息泄露给第三方。

(1) 案例中的严重违规行为属于_____。
(2) 你认为案例中涉及的严重违规行为该如何规避？

小提示： 泄露他人信息，是指未经允许发布、传递他人隐私信息，涉嫌侵犯他人隐私权的行为。淘宝对会员所泄露的他人隐私资料的信息进行删除。

要规避泄露他人信息这一违规行为，一定要留意，与客服核对信息或修改信息的是否是拍下付款的旺旺号本人，如果不是，就礼貌拒绝。例如，可以说："亲，非常抱歉，为了保证会员信息的安全性，请用拍下付款的账号联系我们核对(修改)信息，谢谢。"

有一种例外状况，在本人同意的情况下，可以把信息告知他人。例如：A 在网店成功购买宝贝后告知客服，之后 B 来询问收货信息的时候可以把收货信息给他。在这种经本人同意的情况下，就可以把 A 的收货信息告知 B。

做一做 阅读下面的案例，分析此种违规行为是什么？该如何规避？

买家 A 在旺旺上询问商家 B ×× 商品今天是否可以发货，商家 B 表示可以，买家 A 随后就拍下一件货到付款的商品，要求商家发货。商家因为快递的原因无法及时发货，从而引发纠纷。商家在回答买家发货问题时，请注意问清楚买家需求，切勿随意答复。

(1) 案例中的严重违规行为属于_____。
(2) 你认为案例中涉及的严重违规行为该如何规避？

任务二　熟练掌握客服常用工具的使用

【导入案例】

随着互联网的飞速发展，网络上的即时通信工具越来越多，作为一名网络营销人员，除了会使用即时沟通软件，还应该掌握一些即时商务沟通软件的使用技巧，方便及时地与客户进行沟通。阿里旺旺有买家版和卖家版(千牛)，张静不仅要了解买家版的使用技巧，还要学会卖家版的使用方法和技巧。

要想成为一名优秀的客服，必须熟练掌握客户服务工作的使用。张静决定开始自学阿里旺旺的使用方法与技巧。不同的网购交易平台使用不同的即时通信工具，如淘宝使用阿里旺旺、易趣使用易趣通等。

一、即时通信软件

(一) 即时通信软件的含义

即时通信(Instant Messaging，IM)是一种终端服务，是指能够即时发送和接收互联网消息的业务。即时通信利用的是互联网线路，通过文字、语音、视频、文件的信息交流与互动，有效节省了沟通双方的时间与经济成本。即时通信系统不但成为人们的沟通工具，还成为了人们利用其进行电子商务、工作、学习等交流的平台。

即时通信不仅允许两人或多人使用网络即时地传递文字、图片信息，或进行语音与视频交流沟通，还可以将网站信息与聊天用户直接联系在一起，如通过网站向聊天用户群发信息，吸引聊天用户群对网站的关注。

即时通信不同于电子邮件之处在于它所需的时间更短，且交谈是即时的。透过即时通信功能，用户可以知道他的好友是否正在线上，并与之即时通信。

即时通信软件是通过即时通信技术来实现在线聊天、交流的软件。目前有两种架构形式：一种是 C/S 架构，即采用客户端/服务器形式，用户使用过程中需要下载安装客户端软件，典型的代表有腾讯 QQ、百度 Hi、新浪 UC 等。另外一种是采用 B/S 架构，即浏览器/服务端形式，这种形式的即时通信软件直接借助互联网为媒介，无须安装任何软件即可进行沟通对话。

(二) 即时通信软件的分类

1. 个人即时通信软件

个人即时通信主要是以个人(自然人)用户使用为主，具有开放式的会员资料、非营利目的、方便聊天、交友、娱乐等特点，如腾讯 QQ、雅虎通、网易 POPO、新浪 UC、百度 Hi、盛大圈圈、移动飞信等。此类软件以网站为辅，以软件为主；以免费使用为辅，以增值收费为主。

2. 商务即时通信软件

商务即时通信主要是以中小企业、个人实现买卖和方便跨地域工作交流为主。商务即时通信的主要功能是实现了寻找客户资源或便于商务联系，以低成本实现商务交流或工作交流，如阿里旺旺、惠聪 TM、MSN、Skype、华夏易联 e-Link。

3. 企业即时通信软件

企业即时通信是一种面向企业终端使用者的网络沟通服务，使用者可以通过安装即时通信的终端机进行两人或多人之间的实时沟通。交流内容包括文字、界面、语音、视频及文件互发等。

4. 行业即时通信软件

行业即时通信主要局限于某些行业或领域，使用的即时通信软件往往不被大众所知，如螺丝通就是专门提供给螺钉行业人员的即时通信软件。行业即时通信软件一般需要购买或定制。使用单位一般不具备开发能力。

5. 网页即时通信

网页即时通信指在社区、论坛和普通网页中加入即时聊天功能，用户进入网站后可以通过聊天窗口跟同时访问网站的用户进行即时交流，从而提高了网站用户的活跃度和用户黏度、延长访问时间。把即时通信功能整合到网站上是未来的发展趋势，这是一个新兴的产业，已逐渐引起各方关注，如由广州新岸数码科技有限公司开发的 Xtalk 是目前国内较为专业的网页即时通信服务，它致力于提供标准化及定制化的即时通信解决方案，向社区网站、普通网站、客户端软件提供免费、稳定、灵活的聊天服务。

6. 免费即时通信软件

免费即时通信主要有个人版和企业版两类。

(1) 个人版即时通信软件有百度 Hi、腾讯 QQ、阿里旺旺、新浪 UC 等。

(2) 企业版即时通信软件有 LiveUC 等。

7. 泛即时通信软件

一些软件带有即时通信软件的基本功能，但以其他功能为主，如视频会议。泛即时通信软件对专一的即时通信软件是一大竞争与挑战。

小知识：

即时通信营销

即时通信营销又叫 IM 营销，指营销工作者们运用现有的网络通信工具实现及时、实时的信息交流和收发，从而产生效益的一种销售手段。IM 营销手段又可以分为 QQ 营销、MSN 营销、百度 Hi 营销、雅虎通营销等。

二、掌握阿里旺旺的基本设置

张静到售前客服组见习了几天后，被分配到超市的一间专营各种品牌衣服的淘宝店担任淘宝客服，主管要求她在个人工作计算机上下载并安装阿里旺旺，正确填写旺旺的个人资料，优化阿里旺旺系统设置等，做好接待客户前的准备。

1. 下载阿里旺旺

(1) 登录淘宝网，进入阿里旺旺首页，在网页右下方"阿里 App"下找到"阿里旺旺"图标，如图 3.4 所示，单击进入到下载界面，如图 3.5 所示。

图 3.4　淘宝首页

图 3.5　阿里旺旺首页

做一做　选择一种方便的方式，下载并安装阿里旺旺卖家版。

(2) 进入"千牛"下载页面。单击阿里旺旺首页右上角"阿里旺旺"后的小三角图标，在出现的页面中单击"千牛"，进入"千牛"下载页面。该页面提供了电脑版和手机版下载，如图 3.6 所示。

图 3.6　千牛下载页面

(3) 下载电脑版"千牛"。单击"电脑版",出现如图 3.7 所示页面,可根据个人计算机配置情况,单击"Windows 版"或"Mac Beta 版"进行下载。单击"Windows 版",出现如图 3.8 所示页面。选择下载路径,单击"下载"按钮;下载完成,出现如图 3.9所示页面。

图 3.7　电脑版下载信息页

图 3.8　"千牛"下载提示

图 3.9 "千牛"下载完成提示

(4) 安装"千牛"。找到"千牛"安装程序并双击，进入安装向导页，如图 3.10 所示。

图 3.10 千牛安装向导页

单击"快速安装"按钮，系统自动完成安装。单击"完成"按钮，出现如图 3.11 所示的登录界面。

图 3.11 "千牛"登录界面

2. 注册与登录阿里旺旺

(1) 注册阿里旺旺账号。已有阿里旺旺账号的可直接进行登录，没有阿里旺旺账号的可进入淘宝网站单击"我要注册"，按提示完成相关操作。

小提示：

阿里旺旺的登录名就是淘宝账号名，可以用淘宝账号名直接登录阿里旺旺，不需要另外注册，两者是统一的。

(2) 登录阿里旺旺账号。在"千牛"登录界面，输入账号和密码，单击"登录"按钮即可。

3. 掌握阿里旺旺的使用技巧

(1) 熟悉阿里旺旺的聊天界面。阿里旺旺的聊天界面如图 3.12 所示。

图 3.12　阿里旺旺聊天界面

(2) 使用阿里旺旺的常用功能。

① 个人资料填写。使用阿里旺旺前，要正确填写阿里旺旺中"我的资料"，包括旺旺头像的修改以及个人基本资料和联系信息的填写。

阿里旺旺"我的资料"设置有两种进入方式：第一种是从千牛的"主菜单"——"聊天"——"旺旺名"进入；第二种是直接点击阿里旺旺对话框的旺旺会员名进入。

关于阿里旺旺头像的修改。公司一般要求客服将阿里旺旺的头像修改成企业的 LOGO 以宣传企业品牌，提高企业知名度，也有公司要求客服将阿里旺旺的头像修改成客服本人的照片以提高顾客的信任度与亲切感。

阿里旺旺头像的修改有两种上传方式：第一种是普通上传；第二种是高级上传。

做一做　根据实际情况，为自己的阿里旺旺设置一个合适的头像并填写相应的个人信息。

② 系统设置。阿里旺旺的系统设置主要包括基本设置、消息中心、聊天设置、个性设置、安全设置和客服设置。为了提高工作效率，在接待客户前，要将阿里旺旺系统的一些功能进行优化设置。单击"千牛"右上角的"主菜单"——"系统设置"，即可打开阿里旺旺"系统设置"窗口，如图 3.13 所示。

图 3.13　登录图标

③ 个性设置。阿里旺旺个性设置包括个性签名和快捷键设置。其中，个性签名是一个非常好的对外宣传窗口，可以将店铺的一些新品上市、促销活动、店铺特色等信息通过个性签名有效快捷地展示给客户。

a. 登录"千牛"账号后，单击"设置"按钮(见图 3.14)，进入"系统设置"页面。

图 3.14　系统设置界面

　　b. 进入系统设置后，单击"个性设置"，选择"个性签名"；单击"新增"按钮，在弹出的文本框中输入内容，单击"保存"按钮即可。

　　c. 安全设置。在日常工作中，卖家旺旺经常会收到一些广告刷单、刷信誉、网络兼职等骚扰信息，可以通过"安全设置"来有效防止这些骚扰信息。

　　进入系统设置后，单击"接待设置"，选择"防骚扰"，在右侧可以进行多项防骚扰设置，如图 3.15 所示。其中，在"过滤骚扰信息"中，可以通过新增一些关键词来过滤掉含有这些词语的相关信息。例如，新增"刷单"，将不会收到"先刷单，后付款"等消息。

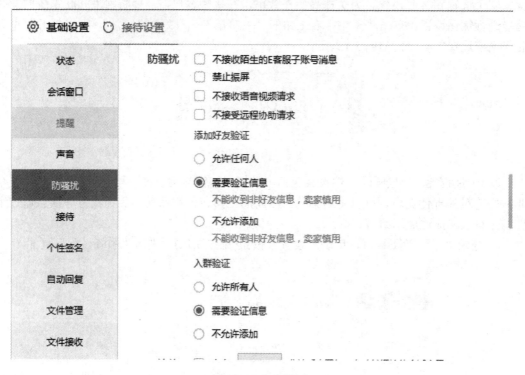

图 3.15　安全设置

　　单击"新增"按钮，在弹出的文本框中输入内容，单击"保存"按钮即可。

　　d. 客服设置。当同时咨询的顾客太多我们不能及时回复顾客时，可以通过"客服设置"来进行简单的自动回复。如我们可以将"亲，欢迎光临！请问有什么可以帮您的？"等迎客信息设置在"当天第一次收到买家信息时自动回复"，省去打字的麻烦，提高我们接待顾客的速度；在双十一、双十二等公司大促活动、咨询的人流量太大时，可以通过设置"当正在联系人数超过 30 人时自动回复"，在一定程度上缓解工作强度，留住顾客。

单击"系统设置"选择"接待设置"，单击"自动回复"按钮，如图 3.16 所示。

图 3.16　自动回复设置

　做一做　当参加淘宝天天特价时，我们应该如何设置"自动回复"以提高当天的工作效率？

小经验：

个性签名对淘宝卖家来说是做宣传的一种好渠道，客服对阿里旺旺个性签名的设置有利于对网店、产品、活动、服务等进行宣传，是很好的一种向客户传递信息的方式。

知识链接：

熟练使用网络客户服务工具

传统的客户服务大多为面对面的一对一式服务，直接面对面的交流能更全面地了解客户需求，做好针对性的服务。传统企业一般都设有客户服务中心，有统一的客服电话、客户服务部地址和客户服务邮箱等，方便客户在需要的时候以电话、寄信或发电子邮件的形式进行咨询。电话、信件等工具为传统客服最常用的工具。网络环境下，买卖双方借助网络进行洽谈、交易、售后等。企业一般由专门的网络客服人员或电话客服人员，借助现代化工具开展服务活动。

网络客户服务的形式主要有在线即时通信(智能机器人和人工客服)、常见问题解答(FAQ)、网络社区、电子邮件、在线表单、网上客户服务中心等。

1. 即时通信

即时通信工具一般有网页版和软件版两种。网页版即时通信工具无需下载专门的软件，通过浏览器的对话窗口即可进行交流。软件版即时通信工具需要下载安装相关软件，然后注册、登录使用。即时通信工具主要有旺旺、咚咚、QQ 等，是常见的在线沟通工具。

2. 常见问题解答

常见问题解答(Frequently Asked Questions，FAQ)是一种在线帮助形式，被认为是一种常用的在线客户服务手段。

客户在利用一些网站的功能或者服务时往往会遇到一些看似很简单，但不经过说明可能很难弄清楚的问题。对企业来说，大部分的问题在很多情况下，只要经过简单的解释就可以解决，因此，在很多网站上都可以看到常见问题解答，列出了一些用户常见的问题。一个好的常见问题解答系统，应该至少可以回答用户 80%以上的常见问题。常见问题解答的设置不仅方便了客户，也大大减轻了网站工作人员的压力，节省了大量的客户服务成本，并且增加了客户满意度。

3. 网络社区

网络社区包括论坛、讨论组形式，企业设计网络社区就是让客户在购买产品后既可以发表对产品的评论，又可以针对产品提出一些意见与建议，从而提高产品的使用、维护水平。营造网络社区，不但可以让客户自由参与，同时也可以吸引更多的潜在客户参与。

4. 电子邮件

电子邮件是最便捷的沟通方式，通过客户登记注册，企业可以建立电子邮件列表，定期向客户发布企业最新消息，加强与客户的联系。客户也可以通过电子邮件向企业询问相关问题或提出意见与建议。

5. 在线表单

在线表单一般是网站事先设计好的调查表格，可以调查客户的需求，也可以征求客户的意见等。

6. 网上客户服务中心

客户服务中心(Customer Service Center，CSC)，是指企业利用电话、手机、传真、Web等多种信息接入方式，以人工、自动语音、Web 等多种形式为客户提供各类售前、售后服务的组织平台。企业的网上客户服务中心提供服务热线、产品咨询、在线报修、软件下载等服务，可为客户提供系统、全面的在线服务。

目前最常用的网店客服工具为即时通信工具(网页版和软件版)，不同的平台一般有专属的即时通信工具，常见的如阿里的旺旺(买家版)、千牛(卖家版)以及京东的咚咚等。

任务三　熟知售前接待流程

【导入案例】

要学习网店售前客服的工作内容，必须对网店的购物流程有一定的了解，在线接待客户是客服实际工作流程中的第一个环节，客服通过各种在线聊天工具进行客户的售前服务。

经过岗前培训后，张静被安排到售前组的化妆品小组实习，负责化妆品系列的售前服务。进组第一天看见售前服务的同事们忙着给不同的顾客打招呼，回答不同顾客的提问，帮助顾客认识自己的肤质，给顾客推荐最适合的化妆品，完成下单并快速地帮助顾客核实信息，最后还周到地与每一位顾客告别。虽然很忙，但同事们都显得游刃有余。

张静看了羡慕得不得了，那么，张静什么时候可以正式接待客户呢? 她可以先了解网络购物的流程，然后从卖家的角度对售前客服的工作内容、流程进行学习、分析，以便掌握售前客服的接待流程。

一、售前客服接待原则

售前客服接待原则有服务原则和销售原则两方面。

1. 服务原则

任何时候，服务好客户都是客服的第一要务，售前客服服务原则主要包括:

(1) 真诚。只要你是真心诚意去服务客户，那么自然会接待好。

(2) 热情。在接待客户的时候你要让客户感觉到你的热情，因为是通过文字沟通，所以热情体现在你的回复速度、语气词和使用的旺旺表情上。

(3) 专业。每个人都需要安全感，客户希望听到的是正确答案，希望服务自己的客服非常专业，所以你必须专业。

(4) 完整。服务要有头有尾，客户购买前咨询问题，我们要一一解答，购买后我们也要礼貌告别，并且核对地址。出现售后问题，我们要很好地交接给售后客服。每一位客服的服务都需要完整。

2. 销售原则

强大的销售能力是售前客服价值最直观的体现，其原则主要包括以下四点：

(1) 珍惜。路遥知马力，只有珍惜与每一位客户沟通机会的客服，才会把业绩做好。

(2) 主动。销售在很多时候需要你主动出击，而不是机械的一问一答，你要想办法引导客户问你想回答的问题。

(3) 灵活。销售工作一定要懂得变通，因为客户的要求是千奇百怪的，所以灵活是你必备的技能。

(4) 信心。要相信能促成每一位进店咨询的客户进行交易。

二、网店售前客服的接待流程及内容

1. 进门问好

客服问好要做到及时答复，礼貌热情。利用交流工具进来询问的，都是对这个产品有兴趣的潜在客户，售前客服一定要善于捕捉这个机会，给客户留下好的第一印象。

2. 接待咨询

接待客户要做到热心引导，认真倾听。在接待咨询中，客服人员一定要认真地倾听客户所说的每一句话，倾听有利于客服摸清客户的心理，了解客户的真实需求。如果客户在犹豫不定要购买哪件商品时，可以引导并帮助客户去选择更适合他的产品。认真倾听还可以让客户感到客服的诚心。

3. 推荐产品

推荐产品要精准推荐，体现客服人员的专业。一般情况下，客户是需要你推荐商品给他的，因为之前了解了客户的需求，推荐的时候一定要推荐更适合他的商品。精确地推荐商品不仅利于促成交易，还可减少售后问题，提高客户的回头率。

4. 处理异议

客户服务过程中总会遇见客户对推销产品、交易方式、交易条件等提出这样或那样的问题，面对这种情况，客服应以退为进，尽可能打消客户的疑虑。例如，客户看中了商品后通常会砍价或者提出包邮、有无赠品等，此时，客服可以强调产品质量、售后保障等，再用一些比较调皮的语言或多运用一些旺旺表情、图片等跟对方交谈。

5. 促成交易

下单购买是销售的最后一个步骤，客服在解答了客户的疑问，打消他们在购物中产生的疑虑后，应该尽快促成交易。常用的促成交易方法有利益总结法、前提条件法、询问法和 yes sir(是的)法。

(1) 利益总结法。客服总结并陈述所有将带给客户的利益，注意条理要清楚，要对准客户有针对性地阐述利益，总结要全面，表达要准确。

(2) 前提条件法。提出一个特别的优惠条件，如赠送店铺优惠券、赠送一份小礼品等。但要注意的是，一定要配合店铺的促销政策。

(3) 询问法。客服通过提问逐渐接近客户的真实需求，然后强调利益来获得问题的解决。要注意由需求引导向利益转变一定要有非常强的针对性。

(4) yes sir(是的)法。客服要站在客户的立场说话，有步骤地解决问题。只有把客户的所有疑虑都排除了，建立了信任，客户才有可能在店里下单购买。永远说 "yes sir(是的)"，表示认同或理解，之后再用简短的补充来说服客户。

 **技能训练**

熟悉化妆品网店购物流程

要知道网店的购物流程，就必须认识网上常见的促销活动，了解知名网上商城的促销活动。

应该开展什么样的促销活动呢？可以先到淘宝、京东、唯品会等知名网上商城去学习，了解其他商家是怎么做的，如图 3.17～图 3.19 所示。

图 3.17　淘宝商城

图 3.18　京东商城

图 3.19　唯品会

商家查询(以淘宝网为例)步骤如下：

步骤 1：登录淘宝网，如图 3.20 所示。

图 3.20 步骤 1

步骤 2：根据导航找到化妆品专区，如图 3.21 所示。

图 3.21 步骤 2

步骤 3：单击洁面专区，进入店铺查看，如图 3.22 所示。

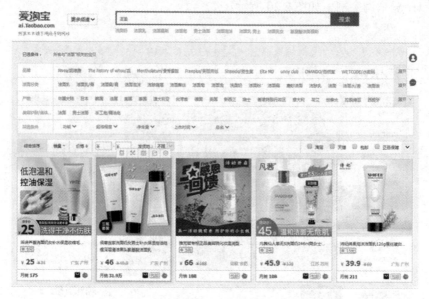

图 3.22　步骤 3

步骤 4：双击某一商品，进入该商品页面查看，如图 3.23 所示。

图 3.23　步骤 4

想一想　根据情境设计，张静如何根据化妆品的特点选择合适的促销活动？

任务四　了解客服沟通技巧

客户接待与沟通需要掌握进门问好、接待咨询、推荐产品、处理异议、促成交易、确认订单、礼貌告别、下单发货的技巧。

一、进门问好技巧

良好的第一印象是成功沟通的基础，客服可以介绍自己，加一些表情让客户感受到客服的热情。如客户早上来时可以说"早上好"，节日可以加上"××节日快乐"。老客户来时，可以特别一点接待，体现出老客户和别人不一样的地方。客服接待术语举例如表 3.5 所示。

表 3.5　客服接待术语举例

客户咨询	客 服 回 答 术 语
A 您好，在么？ (新客户) B Hi，有人么？ (老客户)	亲，欢迎光临××旗舰店，我是您的专属客服，很高兴为您服务
	哈，欢迎亲再次光临呢，我是××，亲有什么问题尽管吩咐
	早上/中午/晚上好！我是 MWAMI 客服××，很高兴能为您解疑答惑
	××节快乐，我是客服××，非常高兴能为您服务

二、接待咨询技巧

客服人员解决客户提出的各类疑问是交易的基础，对客户提出的问题要有应对方法。客服人员在咨询接待过程中，利用一定技巧不仅能解决客户的疑问，还可以让客户了解产品、企业信息，并得到客户的认可，顺利完成销售。客服接待咨询技巧主要包括以下几个方面：

1."库存咨询"应对技巧

库存问题一般以页面上的信息为准。如果出现断码的情况，可以查看库存是否有剩余，如果有，就可以告知客户还有几件预留，可以拍下其他尺码的，在备注栏中填写需要的尺码，客服在发货系统里面进行修改即可。针对不同情况的回答术语举例如表 3.6 所示。

表 3.6　关于"库存咨询"的客服术语举例

情　况	客　服　接　待　术　语
有库存	亲，我们这款卖的一直非常好，所以都是保持库存充足的。您可以放心购买
库存不多	亲，我们这款只有××件了，亲如果喜欢可以尽快拍下哦
预　售	亲，我们这款的销量非常好，现在在补货期间哦，大概×天后可以安排发货哦，您可以现在先拍下，我们到货了第一时间给您安排发货
	(客户说"那我等出货的时候再拍")亲，我们预售也是一批一批出货的，是按下单时间发货的哦，所以建议亲还是现在拍下，到时候就可以快点收货啦
无库存	亲，非常抱歉，您看的这款已经卖完了呢，暂时还没有接到补货通知，我给您推荐一个类似的款式给您看看(跟上××链接)

2."活动咨询"应对技巧

店内活动一定要主动和客户说明，同时还可以利用活动的优惠和时效性让客户尽快拍下商品。关于"活动咨询"的客服接待术语举例如表 3.7 所示。

表 3.7　关于"活动咨询"的客服接待术语举例

情　况	客　服　接　待　术　语
有活动	亲，您今天来得真是时候，我们××活动刚开始进行哦，您可以看看
没活动	亲，最近我们没有新的活动哦，不过有几个宝贝很有市场的，我们卖得很快呢，我发给您看看哦

3."尺码咨询"应对技巧

虽然网店商品详情页面一般会有商品尺码的相关介绍，但客服在工作中也会经常遇见尺码问题的咨询。客户咨询主要是想了解商品详情介绍中的尺码是否标准，希望得到客服的推荐。关于"尺码咨询"的客服接待术语举例如表 3.8 所示。

表3.8　关于"尺码咨询"的客服接待术语举例

情　况	客　服　接　待　术　语
介绍大小	亲，我们的一般尺码是从 M 到 XXL 的，M 是小码的，L 是中码的，XL 是大码的，XXL 是加大的哦。每个款式还都有具体的尺码表哦，您看中哪款发给我，我把尺码表发给您看看
尺码测量	亲，这个尺码表都是我们专业质检人员将宝贝平铺测量的哦，数据上有可能会有 1～2 cm 的误差哦，这个不会影响到穿衣效果的，您放心参考(可以把衣服在页面上的平铺测量图截图给买家，让买家实际了解是怎么测量的)

4."产品咨询"应对技巧

关于商品成分、面料特征、产品细节等产品信息的咨询，客服一定要根据页面上所描述的内容如实告诉客户，切记不能为了销售而告诉客户虚假的信息。如某款衣服有一定程度上的缩水，可将实际的情况告知客户，建议客户拍大一码的。专业的回答不仅可以体现客服的专业度，还可以让客户更加信任你。关于"产品咨询"的客服接待术语举例如表3.9所示。

表3.9　关于"产品咨询"的客服接待术语举例

情　况	客　服　接　待　术　语
材质	亲，这个是××材质的，有××特性，穿在身上有××感觉(体现你专业的机会怎么能放过)
缩水	亲，衣服都有一定范围的缩率呢，但是您拍这个尺码洗过之后不会影响到您的穿着哦！放心好啦
起球	亲，您放心，我们的这个宝贝是××材质的哦，不会起球的
	亲，这款宝贝是××材质的，如果不注意打理的话，穿的时间久点会稍微有点起球的哦，不过如果亲打理得好的话，就可以有效地避免起球了
实物拍摄	亲，这个是我们的原创品牌呢，宝贝都是我们自己设计生产的，所以宝贝的图片都是实物拍摄的，这个跟网上的盗图是不同的！您就放 100 个心吧
色差	亲，我们都是实物拍摄的呢，基本是没有色差的。不过因为显示器和拍摄灯光、角度等因素，多多少少还是有点影响！但是您放心，展现出来的图片都是尽可能接近实物的
洗涤	亲，这个宝贝比较有弹性，您最好是手洗，不要机洗哦，衣服跟我们人一样，都是需要保养的嘛！你懂得！嘿嘿(视情况而定)

5."快递邮费、发货咨询"应对技巧

通常所说的邮费一般是指包裹的首重，首重是指 1 kg(EMS 的首重为 0.5 kg)，续重的

费用是另外核算的。关于"快递邮费、发货咨询"的客服接待术语举例如表 3.10 所示。

表 3.10　关于"快递邮费、发货咨询"的客服接待术语举例

客 户 咨 询	客 服 接 待 术 语
你们家默认发的是什么快递	亲，我们现在默认发的是××快递，您那边可以收到吗
你帮我发××快递吧	(有他说的快递)亲，那我就给您安排发这个快递哦，您到时候注意查收
	(没有他说的快递)亲，我们在郊区，这个快递现在不来我们这边收件呢，要不我给您发 EMS 吧，这个快递哪里都能到，就是稍微会慢点呢！您看可以吗
到我这邮费要多少	亲，您是哪里的哦？发到您那边的话顺丰是 22 元哦，普通快递的话一般是 12 元
今天能发货不	亲，我们会在 72 小时安排发货的哦，不过正常隔天就可以发出了，还是非常快的
现在拍了还可以发货吗	亲，你现在拍下付款，我们一般今天会安排发出的哦，发货后也会有短信提示的，如果亲您明天这个时候还没有收到短信，到时候来联系我，我给您处理哦
已经付款了，什么时候发货	亲，现在太晚了，快递都走了，要明天安排发货的哦！发货后一般 1～2 天您就能收到了，很快的
要几天能收到呢	亲，顺丰快递发货后 1～2 天您就可以收到了。今天给您发货了，明后天您注意查收哦
我×号能收到吗	今天给您发货，您大概 2 天后就可以收到了，发货后我们也会有短信发给您的哦，亲可以跟踪物流的哦
我后天要出差，可以帮我加急发吗？可以多加钱	亲，我刚看了您的地址，亲现在拍下，我们帮您安排今天发，明天应该就可以到了的。不用您加钱的呢，我们能帮上您的肯定是义不容辞的
我现在拍能不能帮我安排半个月后发	亲，您这半个月是要去哪呢？我们可以安排快递发到您去的那个地址
我的货发了吗？我买的衣服怎么没有发货啊	亲，您稍等，我马上就给您查下订单哦……亲，您是××付款的，我们会在今天给您安排发出的哦，发货后会有短信提示的哦，亲注意查收
	亲，您稍等，我马上就给您查下订单哦……亲，刚我看到您的订单的宝贝是预售的，不知道您拍下的时候注意到了吗？大概要在××时间发货的

6. 预售的应对技巧

如果是预售，在跟客户沟通时需要注意技巧，先要了解客户是否知道拍下的商品是预售的，要是客户表示不知道，我们要第一时间道歉，因为当时负责接待的客服没有告知客户，然后再告诉客户具体出货时间，询问客户是否可以等到出货时间，客户要是比较着急，可以推荐更换其他款式的商品或申请退款。

7. "其他咨询"应对技巧

售前客服"其他咨询"应答术语如表 3.11 所示。

表 3.11　售前客服"其他咨询"应答术语

客 户 咨 询	客 服 应 答 术 语
是七天无理由退货吗	亲，您放心哦，我们是天猫商城，都是支持七天无理由退换的，请放心购买
我拍错尺码了怎么办	(包裹还在仓库)亲，您别着急哦，稍等下，我先帮您看下您的订单……亲您要改什么尺码的哦，我这边可以帮您进行修改的
	(快递取走包裹)亲，您先别着急，稍等下，我先帮您看下您的订单……亲，我刚查过您的订单，我们仓库已经安排发货了，快递将包裹取走了，要不您看这样成不？您收到宝贝要是试过尺码不合适，到时候联系我们客服给您安排更换，您看可以吗
我拍错尺码了，帮我退款，我再重新拍	亲，您稍等，我给您查看下订单哦……(将退款订单发给退款专员处理退款)亲，您的订单已经给您退款了，您查看下，如果没有什么问题，可以重新下单哦，然后我再给您核对信息
能开发票吗	亲，发票可以开的哦，不知道您开个人的还是公司的
能给我一张空的收据吗	亲，不好意思，我们这边规定不能开空的收据。不知道亲要空的收据是有什么用？我看看能不能想想其他办法帮到您呢
支持信用卡付款吗	亲，我们商城是支持信用卡付款的，亲可以使用信用卡的
信用卡付款需要收手续费吗？	亲，使用信用卡支付关于手续费的情况有两种：① 若卖家开通"信用卡支付"服务，则需要卖家支付相关手续费，该费用交易成功后从卖家收到的钱款中自动扣除，买家无需承担手续费。② 若卖家未开通"信用卡支付"服务，则需要买家支付相关手续费，手续费会直接增加在订单成交价中。我们店铺已开通了信用卡支付服务，所以无需您承担费用哦

客 户 咨 询	客 服 应 答 术 语
可以分期付款吗	亲，如果您使用的银行支持的话，一般在天猫上消费金额满 600 元就可以使用分期付款
能货到付款吗	亲，我们是支持货到付款的哦，不过，亲货到付款额外会加收一些费用，如果亲有支付宝，建议使用支付宝哦
怎么拍货到付款	亲，您选好宝贝单击"结算"后，在"配送方式"那里选择"货到付款"，提交订单会显示"现金支付"，单击"确认"就 OK 了

三、推荐产品技巧

推荐产品要多了解客户的想法、需求，推荐产品最关键的是了解产品，只有了解了产品和客户的需求才能做到专业的推荐。推荐产品技巧主要有以下几个方面：

1."颜色推荐"技巧

颜色推荐可按肤色推荐、喜好推荐或引导客户让客户的亲人和朋友给出建议。对于喜好推荐，要询问客户喜欢的颜色，引导客户自己选择，如果没有喜欢的颜色，可根据肤色来推荐或引导客户让客户的亲人和朋友给出建议。对于肤色推荐，偏白的肤色配什么颜色都好看，可让客户自选；偏黄的肤色，要记得禁止推荐黄色系的衣服；偏黑的肤色，建议选择暖色系的衣服。另外，因为颜色方面的问题比较主观，还可以通过销量、基本色调搭配去推荐。关于"颜色推荐"接待术语举例如表 3.12 所示。

表 3.12　"颜色推荐"接待术语举例

客户咨询	客 服 接 待 术 语
这款什么颜色好看	亲，您平时喜欢什么色调的衣服呢？这款××色销量比较好，亲可以看看喜欢不
我肤色偏黑，穿什么颜色会好看些呢	肤色稍黑些……亲可以考虑下暖色系的衣服，个人感觉会比较好看些，这几件就不错(发链接)。亲也可以参考下哦
我前面看的那套还有什么颜色	(有)亲，您看的这个还有其他的颜色哦，我发给您看看呢
	(没有)亲，您看的只有这个颜色的哦，没有其他的，您喜欢什么颜色的可以告诉我，我这边给您查下其他的款式发给您看看

2."款式推荐"技巧

"款式推荐"要多了解客户平时的穿衣风格和喜好，例如是喜欢衬衫还是喜欢 T 恤。

"款式推荐"还可以根据关联相应的套餐做出推荐。关于"款式推荐"客服接待术语举例如表 3.13 所示。

表 3.13　"款式推荐"客服接待术语举例

客 户 咨 询	客 服 接 待 术 语
能不能再给我发几个同款类的衣服	好嘞，没有问题，您稍等，我这就给您发链接哦
给我介绍几款好看点的	好嘞，没有问题哦，不过亲，您先告诉我您大概喜欢什么样子的/什么风格的呢
有没有带点格子的	(有)亲，有的哦，我这就给您发链接哦，您稍等
	(没有)亲，暂时还没有带格子的款式哦，您还喜欢什么类型的呢

3. "尺码推荐"技巧

尺码推荐的流程：① 询问身高、体重、平时穿衣尺码，然后进行推荐。② 如果客户犹豫，则询问胸围、腰围，再次进行推荐，给出两个尺码让客户决定。

如果店铺的商品尺码规格是标准、统一的，可以直接告诉客人选择相同的尺码；如果尺码规格不标准、不统一，则将客户看中的产品发给客户看下，另外再做推荐。切记推荐尺码时不要把话说得太满、太肯定。关于"尺码推荐"客服接待术语举例如表 3.14 所示。

表 3.14　"尺码推荐"客服接待术语举例

客 户 咨 询	客 服 接 待 术 语
我 176 cm、124 斤，要穿什么尺码	亲，按您提供的数据，××码亲穿起来会比较合适的哦
我这件衣服要穿什么尺码呢	亲，您的身高、体重是多少？我这边给您参考下(了解客人的数据，然后推荐)
我平时裤子都是穿 32cm 的，你们这个我要穿多大	亲，我们家的可能和您平时穿的尺码有点不同，亲可以把身高、体重和腰围和我说下，这样我给您参考的尺码会更准确些(先了解客人的数据，然后推荐)
我 176cm、114 斤，这款裤子要穿什么尺码	亲，裤子除了身高和体重以外，腰围也是很重要的参考元素，亲把您的腰围和我说下，我这边给您参考下尺码
我 175cm、120 斤，你说我是买 M 的还是 L 的好呢	亲，平时是喜欢宽松风格，还是修身风格呢？如果亲喜欢修身一些，M 会比较合适(客人比较犹豫，问清客人穿衣风格帮他做决定)
其他款式也适合这个码吗？我还看中另外一件，也是这个尺码吗	亲，我们不同的宝贝尺码上会有点差异，您看中的是哪款？发给我看下，我给您参考下

四、处理异议的技巧

网络购物售前阶段出现的客户异议主要有价格异议、尺码异议。客服要尽可能解决客户的异议，促成交易。处理异议的技巧主要有以下几个方面：

1. 价格异议的处理

价格议价主要是客户觉得价钱高了或者是想讨价还价，此时客服可以从天猫价格不可以修改、包邮、优先帮其发货等方面去说服客户。关于"价格异议"客服话术举例如表3.15所示。

表 3.15　"价格异议"客服接待术语

异议类型	客户话语	客 服 接 待 术 语
以去零头，凑整数为由	这件 530 元算 500 元整吧，我也好付款	亲，非常不好意思，天猫价格是不可以修改的，所以我们上架的价格都是最低的。而且我们还是包邮的哦，这也是用另一种方式给您的优惠(说明天猫价格修改不了，包邮也是一种优惠)
以介绍朋友为由	你给我打个折，我给你介绍朋友来买	亲，很感谢亲为我们做宣传，不过这个价格真的已经是非常低了，亲收到衣服肯定会觉得物有所值呢(感谢客人的同时表明价格很低了)
以不买为由	不优惠我就不买了	亲，天猫价格是不可以修改的，所以我们上架的价格都是最低的。您看我这边申请帮您优先发货，今天就帮您发出，您看这样好吗？衣服真的是非常好的哦(可以从别的方面给他点好处，再说明下宝贝的价值)
以包邮为由	你们包邮，我拍了 4 件，给你们省了 3 次邮费，你们不给我优惠我就一件一件拍	亲，快递是和首重有关系的，重量超过了，快递费也是会增加的，所以有一些店铺都是一件包邮，二件要加××钱。我们家是不管几件都包邮，所以亲分开拍和一起拍其实对我们一样。而且分开拍，亲收货方面和时间方面都会拉长呢。我们的衣服真的已经是物超所值啦(可以和客户说明他一起拍和分开拍是一样的，分开拍反而让他收货不方便，最后再说明我们的产品真的很优惠了)

续表

异议类型	客户话语	客 服 接 待 术 语
要给折扣	你看我买这么多，你给我打个九折吧，下次还来	亲，真是为难我啦。这样吧，我去和我们主管申请下，看看能不能给您这个价格，不过估计有点困难呢，亲稍等下
		亲，非常抱歉，您说的折扣真的申请不下来，要不您看××元可以吗？我可以再去问下，否则真的是难倒我啦
批量采购	我们公司需要大批量采购西装，你这边最低的价格是多少啊	亲，那您需要多少件呢？如果是大批量购买，我需要问下我们主管
礼物异议(礼物也是一种变相的议价)	有小礼物吗	(无)亲，不好意思哦，本店现在没有送小礼物，所有优惠都体现在价格上了，还希望亲谅解哦。如果以后我们有了小礼品，亲再过来购买一定赠送的哦
		(有)亲，我们仓库的同事会给您安排神秘小礼品一份哦，具体是什么我们也不是很清楚呢，因为都是仓库的同事负责，嘿嘿，希望亲收到会喜欢哦

2."尺码异议"的处理

面对客户提出的"尺码异议"，客服可以建议客户查看商品详情中关于尺码的说明和其他买家评价，或告诉客户天猫店是支持"七天无理由退换货"的。关于"尺码异议"的客服接待术语举例，如表 3.16 所示。

表 3.16　"尺码异议"的客服接待术语举例

客户异议	客 服 接 待 术 语
大了或者小了怎么办	亲，您放心，我们是支持七天无理由退换的，如果不合适，您联系我们给您安排更换的哦，我们一定尽全力给您处理，一直到您满意为止
你们推荐的尺码不合适怎么办	亲，一般给您推荐的尺码穿上刚好合适的，当然我们也不能 100%保证，要不这样，您可以看看其他买家的评价，多一份参考哦！万一要是不合适，您可以联系我们给您更换呢

五、"促成交易"的技巧

催单是一门艺术，关系到你前面的努力会不会徒劳，所以促成交易是非常关键的。催单客服用语举例如表 3.17 所示。

表 3.17　催单客服用语举例

催单方式	客 服 用 语
从发货时间上(客人没有拍下或是客人拍下还没有付款)	亲，您现在拍下，今天可以帮您安排发货了，很快的哦
	亲，您 4 点之前拍下，今天还可以帮您安排发货呢。亲要抓紧咯
从活动时效上	亲，我们正在举行××活动，今天是最后一天，亲如果喜欢可要尽快拍下哦
从产品本身或是库存上	亲，这款是我们店铺最热销的，各方面都非常好哦，亲买下后肯定会感觉物超所值的
	亲，这款库存不多咯，亲要是喜欢可以直接拍下
从客户立场角度出发	亲，我看您还有一笔订单拍下没有付款，是不是碰到什么问题了呢，有什么需要我帮忙的，亲尽管吩咐呢
客户问好问题就消失了(要主动联系客户，询问客户没有拍下的原因)	亲，还在吗？有什么我可以帮上您的嘛
	亲，怎么还没有拍下呀，是不是这边还有什么不明白的呢

六、"确认订单"的技巧

确认订单主要是向客户核对地址、款式、颜色、快递是否能到，说明是否是预售款等。确认订单的目的是将重要内容进行强调，表达对所讨论内容的重视和澄清双方的理解是否一致，减少交易的差错率。

例如，确认订单的术语：亲，您的订单已经收到，我们将尽快为您发货！您的地址是：××××××。感谢您的支持！

七、"礼貌告别"的技巧

礼貌送客是客服对自己前期努力的完美收官，是让新客户成为老客户的一种重要手段。

礼貌告别的术语可以有以下几种：

(1) 谢谢亲的惠顾，亲有任何问题都可以联系我。祝您生活愉快。

(2) 亲，收到货若有任何疑问可联系小的，若满意宝贝，希望亲可以打赏我们全五星好评！谢谢您的惠顾。(提醒好评)

(3) 谢谢您的支持，天气炎热，亲要注意防暑！对宝贝有任何疑问都可第一时间联系小的们，小的们会尽全力为您服务。宝贝满意的话记得赏赐我们全五星好评，谢谢您(温馨提示)！

八、"下单发货"的技巧

下单发货时，客服要注意的是做好备注和跟踪，这样能有效减少售后工作，节约售后成本。如客人拍下后更换尺码、更改颜色、更改地址、答应客人的优惠和当天发货等，都要认真做好备注和跟踪。对于特殊订单记得要联系跟单客服去跟踪安排。

 技能训练

一、填写"售前服务必备知识与技能评价表"

结合理论知识学习和任务实施的具体过程，将操作内容记录在表 3.18 中，并对完成效果进行评价。

要求：表 3.18 列出的三个知识点，第二个和第三个是完成本任务需要掌握的，第一个有一定的了解即可；三个技能点是售前客服在工作前必须了解掌握的，其中物流和付款知识的掌握为本次评价的重点。

表 3.18　售前服务必备知识与技能评价表

项目	内　容	简要介绍	评　价				
			很好	好	一般	差	很差
知识	营销活动						
	物流知识						
	付款知识						
技能	收集网店活动信息						
	收集网店物流信息						
	收集网店付款信息						

二、客服售前话术实战

具体操作：完成"售前接待用语训练"表的填写。售前客服在客户咨询过程中要回答客户的各种提问，请模拟售前咨询接待，完成表 3.19 的填写。

表 3.19 售前接待用语训练表

编号	内容	客 户 咨 询	客服用语 1	客服用语 2
1	打招呼用语	在吗		
2	对话语	请问您家这个是正品吗		
3	议价语	活动期间可以便宜点吗		
		为什么别家的比你们的便宜		
		多买有优惠吗		
4	支付用语	我可以用银行卡付款吗		
5	物流用语	请问什么时候发货呢		
		能发顺丰吗		
6	欢送用语	算了，等做活动再来买好了		
		希望早点收到宝贝哦，拜拜		

小提示：

读者可假设不同的情景，使用不同的客服接待用语进行回答，如打招呼用语，可以写一个"在的"和一个"不在"时自动回复的回答用语。

项目4　售中客服技巧

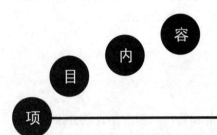

任务一：熟悉售中客服的相关工作

任务二：学会接收网络购物者的信息接收

任务三：熟悉商品款项的处理

任务四：掌握商品的备货发货

 情境导入

通过前期培训，张静已经掌握了一定的售前接待技巧，她想，在接待的过程中，如果客户已经下单，是直接感谢客户说告别话语，还是有其他操作呢？她意识到作为一名合格的客服，必须掌握客服工作的全部内容，因此，她主动找到主管要求学习售中客服的工作内容。

售前咨询、售中引导和售后服务是网店客户服务工作的主要内容，在店铺经营过程中，小规模的网店一般未对客服进行划分，有一定规模的网店即使将客服进行划分，也只有售前和售后之分，在实际工作中售前客服承担着售前和售中两方面的工作，在客户下单、售前工作结束后，售中工作要做的第一件事就是和客户核对订单。

 目的及要求

1. 理解售中的概念，能区别售前与售中客服
2. 理解售中客服的职责和服务规范
3. 掌握售中客服的通用技巧

任务一　熟悉售中客服的相关工作

【导入案例】

有一天，两位客户到某品牌专柜看衣服。其中，一位客户对一件特价商品感兴趣，就问客服可不可以试一下。客服看了一下，没有回答。客户再问了一次，客服态度很冷淡地说："那你就试一下吧。"客户看见客服如此态度，二话没说扭头就走了。

我们从这个案例中得到什么启示？

一、售中客服的概念

目前对大多数网络卖家而言，客服一般都只分为售前和售后，售中和售前并没有特别明确的区分。售中服务是对有效订单的处理，是指从客户在网上拍下宝贝到确认收货的过程，主要包括引导客户付款、核对订单信息、添加备注、礼貌告别、下单发货、物流配送和客户确认收货等。

二、售中客服的目标

售中客服的目标是通过与客户进行充分沟通，深入了解客户的需求，为客户提供最合适的产品或最优的解决方案。针对客户的售中服务，主要体现为销售过程管理和销售管理，销售过程是以销售机会为主线，围绕着销售机会的产生、控制和跟踪、合同签定、价值交付等一个完整销售周期而展开的，既是满足客户购买商品欲望的服务行为，又是不断满足客户心理需要的服务行为。

三、售中客服的内容

售前客服解答客户的各种询单问题后，客户拍下订单即初步表示有意愿购买。客户下单后，售中客服需要做哪些工作呢？

买家提交订单后，卖方后台的交易状态有未付款/已付款、待发货/已发货、确认收货/退换货、交易完成、评价。售中客服的工作职责是跟进订单，直到客户确认收货，完成交易。

售中客服的工作内容根据后台交易状态不同主要有以下几种：

(1) 对于未付款的订单，客服要与客户进行沟通，了解未付款的原因，也就是常说的催付；当因邮费或其他原因需要修改价格时，客服修改价格后要做好备注。

(2) 对于已付款的订单，客服要与客户核对订单信息，然后礼貌告别。

(3) 订单确认后，进入发货环节，一般大型公司的发货由仓库工作人员完成，小公司要由客服网上单击发货，填写、打印快递单，输入相应的快递单号。

(4) 在客户确认收货前，可能会对快递情况进行询问，一般物流跟踪系统会清晰显示物流状态，大部分的客服会自己查看，少数新手买家会进行咨询，客服查看告知即可。若遇特殊情况，客服需要进官方网站进行查询，或电话给快递公司询问具体情况，然后告知客户。

四、售中客服的意义

售中客服的意义在于以下几个方面：

(1) 售中客服有助于企业树立良好的口碑。售中服务是在商品销售过程中开展的一系列加深顾客产生良好印象、强化顾客购买欲望的服务工作。售中服务与顾客的实际行动相伴随，是促进成交的核心环节。你留给顾客一个完美的服务形象，不但能让对方加深对产品的印象，无形中也为公司赢得了良好口碑。

(2) 售中客服能增强企业竞争力。售中服务是企业整体营销计划中的重要一环，对于增强企业的竞争能力、扩大商品销售和提高企业经济效益具有极其重要的作用。

(3) 售中客服可以帮助企业树立服务品牌。用良好的言行来吸引和留住顾客，客服在沟通过程中要注意自身的言语和形象。从某种意义上来讲，客服的良好言行就是公司的"窗口"，顾客则是通过"窗口"来看待公司的。

五、售中客服的职责

（一）门店售中客服的职责

门店售中客服的职责包括以下内容：

(1) 认真贯彻执行公司客服管理规定和实施细则，努力提高自身业务水平；

(2) 积极完成公司规定或部门承诺的工作目标；

(3) 为客户提供主动、热情、满意、周到的服务；

(4) 为公司各类客户提供业务咨询；

(5) 收集客户信息和用户意见，对公司形象提升提出参考意见；

（6）负责公司客户资料、公司文件及分销商合同等资料的管理、归类、整理、建档和保管工作；

（7）协助一线部门做好上门客户的接待和电话来访工作，及时转告客户信息，妥善处理；

（8）完成上级领导临时交办的其他任务。

（二）网店客服的职责

网店客服的职责主要包括以下内容：

（1）熟悉网上购物流程，及时学习淘宝等购物平台新规则；

（2）客服交接班要视工作情况为准，换班时应做好工作交接，晚班客服下班前应把交接事项写在交接本上；

（3）上班时间不得做与工作无关的事情，如看视频、玩游戏等，严禁私自下载安装软件；

（4）努力学习专业知识，熟悉所有商品的重要信息，如品牌、版本、产地等；

（5）精通分类，能够根据客户的描述迅速地找到商品链接；

（6）接待好每一位客户，文明用语，礼貌待客，热情服务，维护好网店的品牌形象；

（7）在工作过程中，把遇到的任何问题都记录下来并找到答案或解决方法；

（8）与客户交谈尽量在 1 分钟内回复，打字速度要快；

（9）不得随意离岗和串岗，不得随意迟到早退；

（10）不允许从事第二职业或对外兼职活动，鼓励员工利用空余时间自学或参加培训以提高自身业务素质与工作能力。

（三）售中客服素质要求

1. 热情认真的态度

要做一名合格的售中客服，只有热爱这一职业，才能全身心地投入进去。所以爱岗敬业、热情认真是一个合格的客服人员的先决条件。

2. 熟练的专业技能

熟练的专业技能是客户服务人员的必修课。每个企业的客户部门和客户服务人员都需要学习多方面的专业技能，才能准确无误地为用户提供业务咨询、业务办理及投诉建议等各项服务，让客户在满意中得到更好的服务。

3. 耐心地解答问题

售中客服要做好工作，必须要有耐心，这是前提条件，否则任何事情都不能做好。一名合格的售中客服，核心就是对客户的态度。客户是企业的上帝，客服人员需要真诚地对待他们，耐心地去解答他们的问题，不可以急躁，也不可以抱怨，更不可以发脾气，一遍不行再来一遍，直到客户满意为止。

4. 良好的沟通协调能力

沟通能力特别是有效沟通能力是客服工作人员的一个基本素质，客户服务是跟客户打交道的工作，倾听客户、了解客户、启发客户、引导客户，都是售中客服和客户交流时的基本功，只有了解了客户需要什么服务和帮助，客户的抱怨和不满在什么地方，才能找出企业存在的问题，对症下药，解决实际问题。

(四) 门店售中客服服务规范

1. 行为举止规范

(1) 上班不准迟到、早退，不得代别人签到、签退。

(2) 必须严格执行考勤制度，需请假者，必须履行病事假手续。

(3) 不准在上班前吃葱、蒜等带异味的食物，不准酒后上岗。

(4) 不得因长时间接待亲友和打电话而影响工作。

(5) 不准在店内追逐打闹、聚堆聊天、哼小曲，不准串岗、空岗，不可妨碍他人工作(为客户服务除外)。

(6) 营业期间，不准当众双手叉腰、抱臂、手插入口袋，不准趴货架、靠货架、坐商品。

(7) 咳嗽、打喷嚏时，应转身向后，稍加回避；如正在接待客户，应说"对不起"；不准当客户的面喝水。

(8) 不准在店内大声喊叫、大声说话、乱碰物品、影响客户购物。

(9) 当班期间，不准出现抱怨、带情绪上岗等不利于工作的言行举止；不准讨价还价、讲条件。

(10) 每位员工都应养成良好的卫生习惯，做到随手清洁，在卖场看到果皮、纸屑等垃圾应主动捡起放入垃圾桶内。

(11) 感冒必须带口罩，不允许随地吐痰，乱丢垃圾。

(12) 工作区域内不允许吸烟。

(13) 在店内与客户相遇时，应主动为客户让路，为他人提供方便；行走时不得碰撞客户，不强行超越客户，确需客户让路时应有礼貌地招呼在先；与客户目光接触时，应主动打招呼或微笑示意。

(14) 对客户遗忘的物品，应及时归还或送交店长做好记录。

2. 服务用语规范

(1) 在工作环境内必须使用"八大礼貌用语"，即"您好、欢迎光临、请、谢谢、对不起、不客气、再见、欢迎下次光临"。

(2) 接待客户时使用"您好，请问需要什么帮助？""请稍等，马上把××拿来！""不客气，欢迎您下次光临！""对不起，××现在暂时缺货，要不然帮您挑选同类商品吧？""请慢走！"

(3) 要做到"接一问二照顾三"，在忙不过来时，应使用礼貌用语向客户致歉："不好意思，请稍等"，绝不允许不理睬客户，严禁使用"不知道""你自己看吧""不要拉倒，到别的地方买好了"等语言。

(4) 不用绰号或单用"喂""哎"等称呼招呼他人，不说粗言俗语、污言秽语。

(5) 需要客户配合、对客户有所要求或有所提示或纠正客户的错误时，应用商量口吻并敬语在先："对不起(不好意思)，请您……好吗？"不得使用命令式语言或服务忌语。

(五) 网店售中客服服务规范

(1) 反应及时、训练有素；

(2) 热情亲切、自然真诚；

(3) 思维敏捷、洞察需求；

(4) 随需应变、专业自信；

(5) 认真细心、建立信任。

六、售中客服工作流程

(一) 门店售中客服服务流程

1. 进门问好——迎客的艺术

迎，就是迎接客户，良好的第一印象是成功沟通的基础，迎客的成败会直接影响成交结果。

2. 了解客户需求——让客户听你说

说，就是向客户介绍产品，继而引发客户对商品的兴趣，并将产品按客户的兴趣方向推荐。了解客户需求的方法有以下几种：

(1) 观察。观察顾客时，客服要投入感情，对不同类型的顾客要不同对待。如对烦躁的顾客，要有耐心，温和地与他交谈；对有依赖性的顾客，要提些有益的建议，但别施加太大的压力；对产品不满意的顾客，客服要坦率、有礼貌，保持自控能力；对想试一试的顾客，客服需具备坚韧毅力，提供周到的服务，并能显示专业水准。

(2) 倾听。在与客户沟通过程中，要仔细倾听客户提出的各种问题，清楚地听出对方的谈话重点，时刻让顾客能感受到你对他们的重视。

(3) 询问。问，就是向客户提问，在一定程度上，要问出客户的心声。

3. 引导并成交——最终的目的

要顺着客户的问题，问对方一个引导与帮助成交的问题。当客户还在犹豫时，大量使用其他满意客户的见证让其对我们的产品或服务更有信心，然后再以肯定的语气要求客户购买。

(1) 商品介绍。商品介绍是商品经营者或服务提供者扩大销售或提供服务而简要地介绍商品的性能、商品的信息，使用保养等知识的一种实用性文体。商品介绍侧重于商品某一方面的知识。

(2) 成交与关联推销。关联推销也可称为搭配销售，或捆绑销售，使买家在买一个宝贝时候，顺便买了别的宝贝。如主推商品为抓绒衣，可以搭配抓绒裤、冲锋衣等同场景产品。

4. 提供更多的帮助——让客户变成回头客

在售中服务过程中，客服需要提供各种各样令客户满意的服务，从而提高客户的满意度。

（二）网店售中客服服务流程

网店售中客服服务流程如图 4.1 所示。

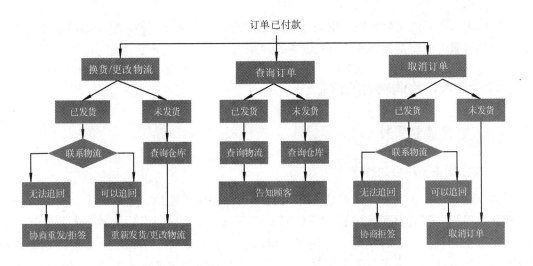

图 4.1　网店售中客服服务流程

技能训练

售中客服职责

实训步骤如下：

步骤 1，查阅资料，找到售中客服有哪些类型。可以使用百度、Google 等搜索引擎，并将查找到的资料整理归纳后记录到学习笔记本上。

步骤 2，结合任务要求，合作学习，小组讨论"售中客服的职责""售中客服的服务规范"和"售中客服的工作流程"等学习内容，并将小组讨论结果填写在学习笔记本中。

步骤 3，学习小组派代表上台分享本组的学习成果，其他小组针对汇报小组所陈述的内容展开讨论，并将修改意见填写到学习笔记本上。

步骤 4，每个学习小组根据其他小组提出的修改意见，对本小组的学习任务进行再次讨论与完善，形成最终学习成果，并记录到学习笔记本上。

任务二　学会接收网络购物者的信息

网购因为看不到实物，所以给人感觉比较虚幻，为了促成交易，客服必将扮演重要角色，因此客服沟通交谈技巧的运用对促成订单至关重要。

一、学会接收网络购物者的信息

（一）态度诚恳积极

1. 树立端正、积极的态度

树立端正、积极的态度对网店客服人员来说是尤为重要的。尤其是当售出的商品有了问题的时候，不管是顾客的错还是快递公司的问题，都应该及时解决，不能回避、推脱。积极主动与客户进行沟通，尽快了解情况，并提出解决办法，尽量让顾客觉得他是受尊重、受重视的。除了与顾客之间的金钱交易之外，还应该让顾客感觉到购物的满足和乐趣。

2. 有足够的耐心与热情

我们常常会遇到一些顾客，喜欢打破砂锅问到底。这个时候就需要我们有足够的耐心和热情，细心地回复，从而会给顾客一种信任感。绝不可表现出不耐烦，就算对方不购物，也要说声"欢迎下次光临"。如果你的服务够好，这次交易不成也许还有下次。砍价的客户也是常常会遇到的，砍价是买家的天性，可以理解。在彼此能够接受的范围内可以适当地让一点，如果确实不行也应该婉转地回绝。比如说"真的很抱歉，没能让您满意，我会争取努力改进"或者引导买家换个角度来看这件商品，让她感觉货有所值，她就不会太在意价格了。也可以建议顾客先货比三家。总之要让顾客感觉你是热情真诚的。千万不可以说我这里不还价、没有等伤害顾客自尊的话语。

(二) 多使用表情符号

微笑是对顾客最好的欢迎，所以当迎接顾客时，哪怕只是一声轻轻的问候也要送上一个真诚的微笑。虽然在网上与客户交流是看不见对方的，但只要你是微笑的，言语之间是可以感受得到的。此外，多用些旺旺表情，也能收到很好的效果。无论旺旺的哪一种表情都会将自己的情感讯号传达给对方。比如说"欢迎光临""感谢您的惠顾"等，都应该送上一个微笑符号。确实加与不加微笑符号给人的感受完全是不同的。不要让冰冷的文字语言遮住你迷人的微笑。

(三) 礼貌用语

礼貌待客，让顾客真正感受到尊重。顾客来了，先说一句"欢迎光临，请多多关照"或者"欢迎光临，请问有什么可以为您效劳的吗？"诚心实意地"说"出来，会让人有一种十分亲切的感觉，并且可以先培养一下感情，这样顾客的抵触心理就会减弱或者消失。

有时顾客只是随便到店里看看，我们也要诚心地感谢人家，说声"感谢光临本店"。对于彬彬有礼、礼貌非凡的网店客服，谁都不会把他拒之门外的。诚心致谢是一种心理投资，不需要很大代价，但可以收到非常好的效果。

沟通过程中最关键的不是你说的话，而是你如何说话。让我们看下面小细节的例子，来感受一下不同说法的效果："您"和"MM 您"比较，前者正规客气，后者比较亲切；"不行"和"真的不好意思哦"；"嗯"和"好的没问题"都是前者生硬，后者比较有人情味，有温度。"不接受见面交易"和"不好意思我平时很忙，可能没有时间和你见面交易，请你理解哦"，相信大家都会认为后一种语气更能让人接受。多采用礼貌的态度、谦和的语气，就能顺利地与客户建立起良好的沟通。

(四) 语言文字友好客气

1. 少用"我"，多用"您"

少用"我"字，多使用"您"或者"咱们"这样的字眼，会让顾客感觉我们在全心全意为他(她)考虑问题。

2. 常用规范用语

"请"是一个非常重要的礼貌用语。

"欢迎光临""认识您很高兴""希望在这里能找到您满意的 DD(东东，网络用语，意为东西)"。

"您好""请问""麻烦""请稍等""不好意思""非常抱歉""多谢支持"……

平时要注意修炼自己的内功，同样一件事不同的表达方式就会传达出不同的意思。很多交易中的误会和纠纷就是因为语言表述不当而引起的。

3. 应尽量避免使用负面语言

客户服务语言中不应有负面语言，这一点非常关键。什么是负面语言？比如我不能、我不会、我不愿意、我不可以等，这些都是负面语言。

(1) 在客户服务的语言中，没有"我不能"。当你说"我不能"的时候，客户的注意力就不会集中在你所能给予的事情上，他会集中在"为什么不能""凭什么不能"上。

正确方法："看看我们能够帮您做什么？"这样就避免了跟客户说"不行""不可以"了。

(2) 在客户服务的语言中，没有"我不会做"。你说"我不会做"，客户会产生负面感觉，认为你在抵抗；而我们希望客户的注意力集中在你讲的话上，而不是注意力的转移。

正确方法："我们能为您做的是……"

(3) 在客户服务的语言中，没有"这不是我应该做的"。客户会认为他不配提出某种要求，从而不再听你解释。

正确方法："我很愿意为您做"。

(4) 在客户服务的语言中，没有"我想我做不了"。当你说"不"时，与客户的沟通会马上处于一种消极氛围中，不要让客户把注意力集中在你或你的公司不能做什么或者不想做什么上。

正确方法：告诉客户你能做什么，并且非常愿意帮助他们。

(5) 在客户服务的语言中，没有"但是"。你受过这样的赞美吗？——"你穿的这件衣服真好看！但是……"，不论你前面讲得多好，如果后面出现了"但是"，就等于将前面对客户所说的话否定了。

正确方法：在与客户沟通中，不说"但是"，换种方法。

(6) 在客户服务的语言中，需要有一个"因为"。要让客户接受你的建议，应该告诉他理由；不能满足客户的要求时，要告诉他原因。

(五) 多使用旺旺工具

1. 旺旺沟通的语气和旺旺表情的活用

在旺旺上和顾客对话，应该尽量使用活泼生动的语气，不要让顾客感觉到你在怠慢他。虽然很多顾客会想"哦，她很忙，所以不理我"，但是顾客心里还是觉得被疏忽了。这个时候如果实在很忙，不妨客气地告诉顾客："对不起，我现在比较忙，可能会回复得慢一点，请理解！"这样，顾客才能理解你并且体谅你。尽量使用完整客气的语句来表达，比如告诉顾客不讲价，应该尽量避免直截了当地说："不讲价"，而是礼貌而客气地表达这个意思，"对不起，我们店商品不讲价。"可以的话，还可以解释一下原因。

如果我们遇到没有合适的语言来回复顾客留言的时候，与其用"呵呵""哈哈"等语气词，不妨使用一下旺旺表情。一个生动的表情能让顾客直接体会到你的态度。

2. 旺旺使用技巧

我们可以通过设置快速回复来提前把常用的句子保存起来，这样在忙乱的时候可以快速回复顾客。比如欢迎词、不讲价的原因、"请稍等"等，这样可以给我们节约大量的时间。在日常回复中，发现哪些问题是顾客问的比较多的，也可以把回答内容保存起来，达到事半功倍的效果。

通过旺旺的状态设置，可以给店铺做宣传，比如在状态设置中写一些优惠措施、节假日提醒、推荐商品等。

如果暂时不在座位上，可以设置"自动回复"，不至于让顾客觉得自己好像没人搭理。也可以在"自动回复"中加上一些自己的话语，都能起到不错的效果。

(六) 有针对性地沟通

任何一种沟通技巧，都不是对所有客户一概而论的，针对不同的客户应该采用不同的沟通技巧。

1. 顾客对商品了解程度不同，沟通方式有所不同

(1) 顾客对商品缺乏认识，不了解。这类顾客对商品知识缺乏，对客服依赖性强。对于这样的顾客需要我们像对待朋友一样去细心地解答，多从他(她)的角度考虑去给他(她)

推荐商品，并且告诉他(她)你推荐这些商品的原因。对于这样的顾客，你的解释越细致，他(她)就会越信赖你。

(2) 顾客对商品有些了解，但是一知半解。这类顾客对商品了解一些，比较主观，易冲动，不太容易信赖他人。面对这样的顾客，就要控制情绪，有理有节耐心地回答，向他(她)表示你丰富的专业知识，让他(她)认识到自己对商品认识的不足，从而增加对你的信赖。

(3) 顾客对商品非常了解。这类顾客知识面广，自信心强，问题往往都能问到点子上。面对这样的顾客，要表示出你对他(她)专业知识的欣赏，表达出"好不容易遇到同行了"，用适宜的口气和他(她)探讨专业知识，给他(她)来自内行的推荐，告诉他(她)"这个才是最好的，您一看就知道了"，让她感觉到自己真的被当成了内行的朋友，而且你尊重他(她)的知识，你给他(她)的推荐肯定是最衷心、最好的。

2. 对价格要求不同的顾客，其沟通方式有所不同

(1) 有的顾客很大方，你说不砍价就不跟你讨价还价。对待这样的顾客要表达你的感谢，并且主动告诉他(她)优惠措施，会赠送什么样的小礼物，这样，让顾客感觉物超所值。

(2) 有的顾客会试探性地问能不能还价。对待这样的顾客既要坚定地告诉他(她)不能还价，同时也要态度和缓地告诉他(她)我们的价格是物有所值的，并且谢谢他(她)的理解和合作。

(3) 有的顾客就是要讨价还价，不讲价就不高兴。对于这样的顾客，除了要坚定重申我们的原则外，还要有理有节地拒绝他(她)的要求，不要被他(她)的各种威胁和祈求所动摇。适当的时候建议他(她)再看看其他便宜的商品。

3. 对商品要求不同的顾客，其沟通方式有所不同

(1) 有的顾客因为买过类似的商品，所以对购买的商品质量有清楚的认识。对于这样的顾客是很好打交道的。

(2) 有的顾客将信将疑，会问：图片和商品是一样的吗？对于这样的顾客要耐心给他们以解释，在肯定我们是实物拍摄的同时，要提醒他(她)难免会有色差等，让他(她)有一定的思想准备，不要把商品想象得太过完美。

(3) 还有的顾客非常挑剔，在沟通的时候就可以感觉到，她会反复问：有没有瑕疵？有没有色差？有问题怎么办？怎么找你们等。这是一个完美主义的顾客，除了要实事求是地介绍商品，还要实事求是地把一些可能存在的问题都介绍给他(她)，告诉他(她)没有东西是十全十美的。如果顾客还坚持要完美的商品，就应该委婉地建议他(她)选择实体店购买所需要的商品。

（七）其他方面

1. 坚守诚信

网络购物虽然方便快捷，但唯一的缺陷就是看不到、摸不着。顾客面对网上商品难免会有疑虑和戒心，所以我们对顾客必须要用一颗诚挚的心，像对待朋友一样对待顾客，包括诚实地解答顾客的疑问，诚实地告诉顾客商品的优缺点，并向顾客推荐适合他(她)的商品。

坚守诚信还表现在一旦答应顾客的要求，就应该切实地履行自己的承诺，哪怕自己吃点亏，也不能出尔反尔。

2. 凡事留有余地

在与顾客交流中，不要用"肯定、保证、绝对"等字样，这不等于你售出的产品是次品，也不表示你对买家不负责任，而是不让顾客有失望的感觉。因为我们每个人在购买商品的时候都会有一种期望，如果你保证不了顾客的期望，最后就会变成顾客的失望。比如卖化妆品的，本身每个人的肤质就不同，你敢百分百保证你售出的产品在几天或一个月内一定能达到顾客想象的效果吗？还有出售出去的货品在路程中，我们能保证快递公司不误期吗？不会被丢失吗？不会被损坏吗？为了不要让顾客失望，最好不要轻易说"保证"。如果用，最好用"尽量、争取、努力"等词语，效果会更好。多给顾客一点真诚，也给自己留有一点余地。

3. 处处为顾客着想，用诚心打动顾客

让顾客满意，重要一点体现在真正为顾客着想。处处站在对方的立场，想顾客所想，把自己变成一个买家助手。

4. 多虚心请教，多倾听顾客声音

当顾客上门的时候我们并不能马上判断出顾客的来意与其所需要的物品，所以需要先问问清楚顾客的意图，需要具体的什么商品，是送人还是自用，是送给什么样的人等。了解清楚了顾客的情况，准确地对其进行定位，才能做到只介绍对的不介绍贵的，以客为尊，满足顾客需求。

当顾客表现出犹豫不决或者不明白的时候，我们也应该先问清楚顾客困惑的是什么，是哪个问题不清楚，如果顾客表述也不清楚，我们可以把自己的理解告诉顾客，问问是不是理解对了，然后针对顾客的疑惑给予解答。

5. 做个专业卖家，给顾客准确的推介

不是所有的顾客对你的产品都是了解和熟悉的。当有的顾客对你的产品不了解的时候，

在咨询过程中，就需要我们为顾客解答，帮助顾客找到合适他们的产品。不能顾客一问三不知，这样会让顾客感觉没有信任感，谁也不会在这样的店里买东西。

6. 坦诚介绍商品优点与缺点

我们在介绍商品的时候，必须针对产品本身的缺点。虽然对于商品的缺点应该尽量避免涉及，但如果事后因此而造成客户抱怨，反而会失去信用，得到差评也就在所难免了。在淘宝里也有看到其他卖家因为商品质量问题得到差评，当然有些是特价商品造成的。所以，在卖这类商品时首先要坦诚地让顾客了解到商品的缺点，努力让顾客知道商品的其他优点，先说缺点再说优点，这样会更容易被客户接受。在介绍商品时切莫夸大其词地来介绍自己的商品，介绍与事实不符，最后失去信用也失去顾客。其实介绍自己产品时，就像媒婆一样把产品"嫁"出去。如果你介绍："这个女孩脾气不错，就是脸蛋差了些"和"这个女孩虽然脸蛋差了些，但是脾气好，善良温柔"，虽然表达的意思一样，但听起来感受可就不大相同噢！所以，介绍自己的产品时，可以强调一下："东西虽然是次了些，但是东西功能齐全；或者说，这件商品拥有其他产品没有的特色"；或者强调其价格优势等。这样介绍收到的效果是完全不相同的。此方法建议用在特价商品上比较好。

7. 遇到问题多检讨自己少责怪对方

遇到问题的时候，先想想自己有什么做的不到位的地方，诚恳地向顾客检讨自己的不足，不要上来先指责顾客。比如有些内容明明写了，可是顾客自己没有看到，这个时候千万不要一味指责顾客没有好好看商品说明，而是应该反省自己没有及时提醒顾客。

8. 换位思考、理解顾客的意愿

当我们不理解顾客想法的时候，不妨多问问顾客是怎么想的，然后把自己放在顾客的角度去体会他(她)的心境。

9. 表达不同意见时应尊重对方立场

当顾客表达不同的意见时，要力求体谅和理解顾客，表现出"我理解您现在的心情，目前……"或者"我也是这么想的，不过……"来表达，这样顾客能觉得你在体会他的想法，能够站在他的角度思考问题，同样，他也会试图站在你的角度来考虑。

10. 保持相同的谈话方式

对于不同的顾客，我们应该尽量用和他们相同的谈话方式来交谈。如果对方是个年轻的妈妈给孩子选商品，我们应该表现出站在母亲的立场，考虑孩子的需要，用比较成熟的语气来表述，这样更能得到顾客的信赖。如果你自己表现得更像个孩子，顾客会对你的推荐表示怀疑。

如果有时候你使用网络语言和顾客交流，但他却感觉和你有交流的障碍，则说明他不喜欢网络语言。确实有的人不太喜欢过于年轻态的语言；所以建议大家在和这类顾客交流的时候，尽量不要使用太多的网络语言。

11. 经常对顾客表示感谢

当顾客及时地完成付款，或者很痛快地达成交易后，我们都应该衷心地对顾客表示感谢，谢谢他们的配合，谢谢他们为我们节约了时间，并给予我们一个愉快的交易过程。

12. 坚持自己的原则

在销售过程中，我们经常会遇到讨价还价的顾客，这个时候我们应当坚持自己的原则。

如果作为商家在定价格的时候已经决定不再议价，那么我们就应该向要求议价的顾客明确表示这个原则。比如邮费，如果有顾客没有符合包邮条件，却享受了包邮，就会产生以下影响：

(1) 其他顾客会觉得不公平，使店铺失去纪律性。

(2) 给顾客留下经营管理不正规的印象，从而小看你的店铺。

(3) 给顾客留下价格与产品不成正比的感觉，否则为什么你还有包邮的利润空间呢？

(4) 顾客下次来购物还会要求和这次一样的特殊待遇，或进行更多的议价，这样你就需要投入更多的时间成本来应对。在现在快节奏的社会，时间就是效率，珍惜顾客的时间也珍惜自己的时间，才是负责的态度。

想一想：

甲、乙、丙三个商贩卖早餐的故事

1. 商贩甲的故事

顾客：老板，来两个肉包。

商贩甲：美女，您的肉包，两个一共一块钱，请拿好。有豆浆要一杯吗？

顾客：不要。(客户给了钱就离开了)

2. 商贩乙的故事

顾客：老板，来两个肉包。

商贩乙：美女，您的两个肉包，只吃包子口会干的，有豆浆和牛奶您需要什么呢？坚持每天喝豆浆和牛奶对您身体也好呀。

顾客：(美女考虑了两秒钟)那来杯牛奶吧。

3. 商贩丙的故事

顾客：老板，来两个肉包。

商贩丙：美女，您的两个肉包，只吃包子口会干的，有豆浆和牛奶您需要什么呢？坚持每天喝豆浆和牛奶对您身体也好呀。

　　顾客：(美女考虑了两秒钟)那来杯牛奶吧。

　　商贩丙：美女，这是您的包子和牛奶，请拿好，我们会定期推出不同的营养套餐，记得关注小店哦。

　　于是美女就只去商贩丙的店铺。

　　分析：商贩丙成功的技巧在哪里？

二、价格应对策略

(一) 打消疑虑技巧

　　在购买商品前，顾客总是有很多疑虑，故而对产品的购买犹豫不决。客服人员应该认真分析顾客疑虑的方面，然后有针对性地打消他们的疑虑。

　　1. 顾客对于商品的疑虑

　　(1) 熟知商品的特性，知道自己的产品能给用户带来什么价值，让用户了解购买价值，打消用户顾虑，激发用户的购买欲望。

　　(2) 了解同类商品的知识，明确自己产品的优势。

　　(3) 善于聆听、领会意图，在交谈过程中抓住用户的关键点，给出针对性的指导。

　　2. 顾客对于商品价格的疑虑

　　(1) 保持原则。针对这类议价用户，我们应该避免因个别用户需求而流失大部分用户，避免造成更大的损失。

　　(2) 比较法。通过商品质量、包装、服务承诺等与同类商品比较，体现商品的优势，提升用户信任度。

　　(3) 转移焦点。通过活动、赠品、会员、服务增值等优惠制度，将焦点从价格转向其他，提高销售能力。

　　客户服务人员使用促成交的技巧时，须对消费者的需求细心聆听，了解用户需求；要会换位思考，承认消费者的立场；了解消费者的症结后对症下药，然后提出有针对性的解决方案，如此，最终必能达成交易。

(二) 针对砍价客户的售中服务技巧

　　(1) 允诺型砍价客户：太贵了，第一次来你给我便宜点，我下次会再来买的，我也会介绍朋友来买的。

　　客服服务术语：非常感谢亲对小店的惠顾，亲您是第一次来小店消费，优惠不是很大，还请理解。当您第二次在小店购买就是我们店的常客和会员啦，以后不论是您再次购买或者是介绍朋友来购买，我们都是会根据不同金额给予优惠的。

(2) 对比型砍价客户：谁谁谁家这样的东西都比你这个便宜，你家的这么贵，你便宜点儿我就买了。

客服服务术语：亲，同样的衣服也有质量的区别，最主要的就是面料的问题，面料的不同会直接影响到价格的差异。当然衣服也会因为品牌、进货渠道等因素而有区别。您说的价位我们实在给不了。你可以再多比较比较，如果您选择小店，我们会在力所能及的情况下给您最大的优惠的。

(3) 武断型砍价客户：其他的什么都好，就是价格太贵。

客服服务术语：亲，我完全同意您的意见，但亲应该知道价格和价值是成正比的吧？从现在来看您也许觉得买的比较贵，但是长期来说反倒是最便宜的。因为您第一次就把东西买对了，分摊到长期的使用成本上来说的话，这样是最有利的。常言说：好货不便宜，便宜没好货。所以，我们宁可一时为价格解释，也不要一世为质量道歉。而对亲您来说也没有必要因为价廉购买而使用质量差的产品，那会让自己花更多的冤枉钱。一次性把东西买对，用得时间久，带给您的价值也高，您说是吗？

(4) 威逼利诱型砍价客户：就我说的价格啦，卖的话我就拍，不卖我就下线了。

客服服务术语：亲，如果您觉得您说的这个价位很合适的话，那我只能说声抱歉了，您说的这个价格在整个市场都买不到的。您还可以多比较比较，如果需要的话，欢迎您随时光临小店来购哦。

(5) 博取同情型砍价客户：我还是个学生，东西是给我弟弟(妹妹)买的，掌柜的你就便宜点喽。

客服服务术语：亲，现在生意也难做呀，竞争也激烈，我们这个月的销售任务还没有完成呢，其实大家都不容易，何苦彼此为难呢？亲再讲价的话，这个月我们就要以泪洗面了，请亲也理解一下我们好吗？

(6) 借口型砍价客户：哎呀，我的支付宝钱不够，就刚好这么多钱(正好是他讲价时提出的金额)。

情况分析：一般来说，买家说这样的话的确是因为支付宝里钱不够，对于这样的情况，他已经下决心购买，那么我们只需要耐心等待他充值付款就可以了。

① 如果是作为讲价的借口，那么我们就可以具体分析了，如果他说的金额与本来需要付款的金额差距不大，利润空间还是有的，那么我们完全可以采取大度一点的姿态。

客服服务术语一：真是巧啊，亲，那您看这样行不行，反正您差的也不多，那要不就按您支付宝里的余额来付款吧，我们也不想让您太麻烦，少赚一点却可以让您尽快使用到我们的产品也是我们很乐意看到的事情。

② 如果差距比较大，那就只有假装不明白他这么说的意思了，摆明情况，同时也给对方适当施加一些压力。

客服服务术语二：哎呀，亲，本来如果您支付宝余额多一些呢，我就咬咬牙卖给您了，但是您这个差得也太多了，我们完全没有利润了，您看您方便在什么时候充值到支付宝呢，到时我们再为您安排发货好吧。

（三）售中价格沟通谈判策略

在谈判过程中，客服人员需要根据谈判阶段与谈判对象的不同，灵活采取各种谈判策略。总地来说，进行销售谈判主要有八种策略。

1. 定价策略

商品定价时定一个高价，给购买协商阶段留足回旋的空间。

2. 不情愿策略

在购买阶段，买方给出的价格即便使客户服务人员再满意，也要装出极不情愿的样子。

3. 老虎钳法

如果客户对产品产生强烈的兴趣，那么其心理的预期价位也是高的，此时客服人员就不能轻易答应买方给出的价格。

4. 请示领导

当客户不肯加价时，客服人员应以"请示领导"为由，暂时避开，给客户留下思想斗争的时间。等重新回来时，要尽量表现出为难的表情，表达出领导同意以此价出售，完全是自己努力解释的结果。由此一来，客服人员不但达到了销售目的，而且换来客户的感激。

5. 服务贬值

交易的任何让步，都必须要求得到回报，否则对方会怀疑最初报价的虚假性，这就是服务贬值策略。客服人员使用服务贬值策略时，必须附加其他条件，比如增加购买量等。这样做的目的在于：首先可以增加回报；其次防止客户对最初报价产生怀疑；最后还能让客户产生"赢"的感觉，从而提高重复购买的可能性。

6. 折中策略

当客户提出的价格低于期望值时，客服人员要采取折中策略，让客户提出折中价格，以使成交价接近期望值。采取折中策略时，客服人员切忌主动提出折中价格，以免让客户对原价产生虚假的感觉。

7. 红脸白脸

当身边有同事陪伴时，客服人员则需要在客户面前演双簧：一个扮红脸，站在客户角度上；一个扮白脸，站在公司立场上。这样客户就容易相信与感谢"红脸"，并采取购买行动。当客服人员独自一人面对客户时，需同时扮演两种角色，表面扮红脸，在语言表达中则要向客户暗示"白脸"的存在。很多客户因为不愿意与暗示中的"白脸"交易，结果就转而采取现场购买的行动，与"红脸"达成了交易。

8. 蚕食策略

当达成一项交易时，客户的防备意识最为薄弱。这时，销售人员要采取蚕食策略，趁机向客户推荐其他相关产品或配套产品，进一步促使客户消费。

三、售中工作技巧

网店客服除了具备一定的专业知识、周边知识、行业知识以外，还要具备一些工作方面的技巧，具体如下：

（一）促成交易技巧

1. 利用"怕买不到"的心理

人们常对越是得不到、买不到的东西，越想得到它、买到它。你可利用这种"怕买不到"的心理，来促成订单。当对方已经有比较明显的购买意向，但还在最后犹豫中的时候，可以用以下说法来促成交易："这款是我们最畅销的了，经常脱销，现在这批又只剩两个了，估计不要一两天又会没了，喜欢的话别错过了哦"；或者"今天是优惠价的截止日，请把握良机，明天就没有这种折扣价了。"

2. 利用顾客希望快点拿到商品的心理

大多数顾客希望在付款后越快寄出商品越好，所以在顾客已有购买意向，但还在最后犹豫中的时候，可以说："如果真的喜欢的话就赶紧拍下吧，快递公司的人再过 10 分钟就要来了，如果现在支付成功的话，马上就能为你寄出了。"对于可以用网银转账或在线支付的顾客尤为有效。

3. 采用"二选其一"的技巧

当顾客一再出现购买信号，却又犹豫不决拿不定主意时，可采用"二选其一"的技巧来促成交易。

譬如，你可以对他说："请问您需要第 14 款还是第 6 款？"或是说："请问要平邮给您还是快递给您？"这种"二选其一"的问话技巧，只要准顾客选中一个，其实就是你帮他拿主意，下决心购买了。

4. 帮助准顾客挑选，促成交易

许多准顾客即使有意购买，也不喜欢迅速签下订单，他总要东挑西拣，在产品颜色、规格、式样上不停地打转。这时候你就要改变策略，暂时不谈订单的问题，转而热情地帮对方挑选颜色、规格、式样等，一旦上述问题解决，你的订单也就落实了。

5. 巧妙反问，促成订单

当顾客问到某种产品，不巧正好没有时，就得运用反问来促成订单。举例来说，顾客问："这款有金色的吗？"这时，你不可回答没有，而应该反问道："不好意思我们没有进货，不过我们有黑色、紫色、蓝色的，在这几种颜色里，您比较喜欢哪一种呢？"

6. 积极推荐，促成交易

当顾客拿不定主意，需要你推荐的时候，你可以尽可能多地推荐符合他的要求的款式，在每个链接后附上推荐的理由，而不要找到一个推荐一个。"这款是刚到的新款，目前市面上还很少见""这款是我们最受欢迎的款式之一""这款是我们最畅销的了，经常脱销"等，以此来尽量促成交易。

（二）时间控制技巧

除了回答顾客关于交易上的问题外，可以适当聊天，这样可以促进双方的关系。但自己要控制好聊天的时间和度，毕竟你的工作不是闲聊，你还有很多正常的工作要做，聊到一定时间后可以以"不好意思我有点事要走开一会儿"为由结束交谈。

（三）说服客户的技巧

1. 调节气氛，以退为进

在说服顾客时，你首先应该想方设法调节谈话的气氛。如果你和颜悦色地用提问的方式代替命令，并给人以维护自尊和荣誉的机会，气氛就是友好而和谐的，说服也就容易成功；反之，在说服时不尊重他人，拿出一副盛气凌人的架势，那么说服多半是要失败的。毕竟人都是有自尊心的，谁都不希望自己被他人不费力地说服而受其支配。

2. 争取同情，以弱克强

渴望同情是人的天性，如果你想说服比较强大的对手时，不妨采用这种争取同情的技巧，从而以弱克强，达到目的。

3. 消除防范，以情感化

一般来说，在你和要说服的对象较量时，彼此都会产生一种防范心理，尤其是在危急关头。这时候，要想使说服成功，你就要注意消除对方的防范心理。如何消除防范心理呢？从潜意识来说，防范心理的产生是一种自卫，也就是当人们把对方当作假想的敌人时产生的一种自卫心理，那么消除防范心理的最有效的方法就是反复给予暗示，表示自己是朋友而不是敌人。这种暗示可以采用嘘寒问暖、给予关心、表示愿给帮助等方法来进行。

4. 投其所好，以心换心

站在他人的立场上分析问题，能给他人一种为他着想的感觉，这种投其所好的技巧常常具有极强的说服力。要做到这一点，"知己知彼"十分重要，唯先知彼，而后方能从对方立场上考虑问题。

5. 寻求一致，以短补长

习惯于顽固拒绝他人说服的人，经常都处于"不"的心理组织状态之中，所以自然而然地会呈现僵硬的表情和姿势。对付这种人，如果一开始就提出问题，绝不能打破他"不"的心理，所以，你得努力寻找与对方一致的地方，先让对方赞同你远离主题的意见，从而使之对你的话感兴趣，而后再想法将你的主意引入话题，而最终求得对方的同意。

知识窗

网店客服规范沟通用语总结

网店客服并不是仅凭旺旺等网上即时通信工具就能完成与客户的有效沟通，在很多时候还需要借助电话来进行沟通，具体如下：

1. 开头语以及问候语

(1) 问候语："您好，欢迎致电 XX 客户服务热线，客服代表 YYY 很高兴为您服务，请问有什么可以帮助您！"

不可以说："喂，说话呀！"

(2) 客户问候客户代表："小姐(先生)，您好"时，客户代表应礼貌回应："您好，请问有什么可以帮助您？"

不可以说："喂，说吧！"

(3) 客户姓氏加礼貌用语。当已经了解了客户姓名的时候，客户代表应在以下的通话过程中用客户的姓氏加上"先生/小姐"的礼貌回应，如："某先生/小姐，请问有什么可以帮助您？"

不可以无动于衷，无视客户的姓名。

(4) 遇到无声电话时，客户代表可以说："您好！请问有什么可以帮助您？"稍停5秒还是无声，则重复："您好，请问有什么可以帮助您？"稍停5秒，对方无反应，则说："对不起，您的电话没有声音，请您换一部电话再次打来，好吗？再见！"再稍停5秒，挂机。

不可以说："喂，说话呀！再不说话我就挂了啊！"

2. 无法听清

(1) (因用户使用免提)无法听清楚时，客户代表可以说："对不起，您的声音太小，请您拿起话筒说话好吗？"

不可以说："喂，大声一点儿！"

(2) 遇到客户声音很小听不清楚时，客户代表在保持自己音量不变的情况下，可以说："对不起！请您大声一点，好吗？"若仍听不清楚，则说："对不起！您的电话声音太小，请您换一部电话，好吗？"然后过5秒挂机。

(3) 遇到电话杂音太大听不清楚时，客户代表可以说："对不起，您的电话杂音太大，听不清，请您换一部电话再次打来好吗？再见！"稍停5秒，挂机。不可以直接挂机。

(4) 遇到客户讲方言而客户代表听不懂时，客户代表可以说："对不起，请您讲普通话，好吗？谢谢！"当客户继续讲方言不讲普通话时，则可以说："对不起，请您找一个可以讲普通话的人来，好吗？谢谢！"

(5) 遇到客户讲方言，客户能听懂客户代表的普通话时，客户代表应该在听懂客户所用方言的基础上，继续保持普通话的表达。不可以转换成客户的方言。

(6) 遇到客户抱怨客户代表声音小或听不清楚时，客户代表可以说："对不起，(稍微提高音量)请问有什么可以帮助您？"

3. 沟通内容

(1) 遇客户来电找正在上班的客户代表，客户代表可以说："对不起，公司有规定，上班时间不允许接听私人电话，请您下班后再与她联系，谢谢您，再见！"或请其留下联系电话。

(2) 若没有听清楚客户所述内容，要求客户配合重复时，客户代表可以说："对不起，麻烦您将刚才反映的问题再复述一遍，好吗？"

不可以说："喂，什么？你说什么？"

(3) 提供的信息较长，需要客户记录下相关内容时，客户代表可以说："麻烦您记录一下，好吗？"

不可以语速过快而没有提示。

(4) 遇到客户挂错电话，客户代表可以说："对不起，这里是XX客户服务中心，请您查证后再拨。"(若有可能，请根据客户的需求，引导客户拨打其他号码。)

不可以说："喂，打错电话了！请看清楚后再拨。"

(5) 遇客户想直接拨打本公司其他部门电话时，客户代表可以说："对不起，您能否将具体情况和联系电话告诉我，我帮您联系好吗？"

不可以说："喂，说话呀！再不说话我就挂了啊！"

4. 抱怨与投诉

(1) 遇到客户投诉热线难拨通、应答慢时(包括电话铃响三声后才接起)，客户代表可以说："对不起，刚才因为线路忙，让您久等了！请问有什么可以帮助您？"

不可以说："喂，我也没办法，刚才线路忙啊！"

(2) 遇到客户情绪激动、破口大骂时，客户代表可以说："对不起，先生/小姐，请问有什么可以帮助您？"同时客户代表应调整好心境，尽量抚平客户的情绪，若无法处理，应马上报告现场业务主管。

不可以说："喂，嘴巴干净一点儿，这又不是我的错呀！"

(3) 遇到客户责怪客户代表动作慢、不熟练，客户代表可以说："对不起，让您久等了，我将尽快帮您处理。"

不可以说："喂，不好意思，我是新手啦！"

(4) 遇到客户投诉客户代表态度不好时：客户代表可以说："对不起，由于我们服务不周给您添麻烦了，请您原谅，您是否能将详细情况告诉我？"然后认真记录客户的投诉内容，并请客户留下联系方式，提交组长或主管处理。

不可以说："喂，刚才的电话不是我接的呀！"

(5) 客户投诉客户代表工作出差错时，客户代表可以说："对不起，给您添麻烦了，我会将您反映的问题如实上报主管，并尽快核实处理，给您带来的不便请您原谅！"并记录下客户姓氏、电话及复述投诉内容，如客户仍不接受道歉，客户代表可以说："对不起，您是否可以留下您的联系电话，由我们的主管与您联系处理，好吗？"迅速将此情况转告现场业务主管，现场业务主管应马上与客户联系并妥善处理。

不可以说："喂，这不关我的事，我不清楚，您挂电话吧。"

(6) 遇到无法当场答复的客户投诉，客户代表可以说："很抱歉，先生/小姐，多谢您反映的意见，我们会尽快向上级部门反映，并在两小时之内(简单投诉)/24 小时之内(复杂投诉)给您明确的答复，再见！"

不可以说："喂，我不清楚，您过两天再来电话吧。"

(7) 对于客户投诉，在受理结束时，客户代表可以说："很抱歉，XX 先生/小姐，多谢您反映的意见，我们会尽快向上级部门反映，并在 XX 小时内(根据投诉的类别和客户类别的不同而选择服务时限标准)，给您明确的答复，再见。"

不可以说："喂，没事了吧，您挂电话吧。"

任务三　熟悉商品款项的处理

【导入案例】

张静正接待的一个客户正准备下订单，但过了一会儿客户发来消息问：我要买的几样商品都不包邮，下订单时运费都加在一起共64元，邮费不用那么贵吧？张静连忙回复：亲，可以先拍下商品，这边给您改运费。客户这才放下心来，下了订单。

张静从后台看到客户订单信息如下：用户xinxin124购买商品3件，毛重约2 kg，收货地区是广东省珠海市香洲区。另外，经查询，客户购买的3件商品都可以从中山仓库一起发货。张静要根据以上信息马上算出所需要的运费，为客户修改费用。

本任务就是讲述客户商品款项的处理办法。

一、应对买家的讨价还价

(一) 较小单位报价法

根据自身店铺的情况，以较小的单位进行报价，一般强调数量。也就是说，把价格较高的商品在数量上化大为小，变斤为克，从而使"高价"变成"低价"。比如，将一箱12千克标价为1158元的红枣，分割成每包1千克标价为98元的小包装，甚至分割成每包100克标价为9.9元"迷你"包装。

(二) 证明价格是合理的

无论出于什么原因，任何买家都会对价格产生异议，大都认为产品价格比他想象的要高得多。这时，必须证明产品的定价是合理的，而证明的办法就是多讲产品在设计、质量、功能等方面的优点。通常，产品的价格与这些优点有相当紧密的关系，正所谓"一分钱一分货"。可以应用说服技巧，透彻地分析、讲解产品的各种优点，指明买家购买产品后的利益所得远远大于支付货款的代价。当然，不要以为价格低了买家一定会买。大幅度降价往往容易使买家对产品产生怀疑，认为它是有缺陷的，或是滞销品。有些时候，产品的价格要稍微提高一些才能打开销路。总之一句话，只要你能说明定价的理由，买家就会相信购买是值得的。

（三）在小事上慷慨

在讨价还价过程中，买卖双方都是要作出一定让步的。尤其是对店主而言，如何让步是关系到整个洽谈成败的关键。

就常理而言，虽然每一个人都愿意在讨价还价中得到好处，但并非每个人都是贪得无厌的，多数人只要得到一点点好处，就会感到满足。

正是基于这种分析，店主在洽谈中要在小事上作出十分慷慨的样子，使买家感到已得到对方的优惠或让步。比如，增加或者替换一些小零件时不要向买家收费，否则会因小失大，引起买家反感，并且使买家马上对价格敏感起来，影响了下一步的洽谈。反之，免费向买家提供一些廉价的、微不足道的小零件或包装品则可以增进双方的友谊，店主是决不会吃亏的。

（四）通过比较法说明价格的合理性

为了消除价格障碍，网店主在洽谈中可以多采用比较法，这往往能收到良好的效果。比较法通常是拿所推销的商品与另外一种商品相比，以说明价格的合理性。在运用这种方法时，如果能找到一个很好的角度来引导买家，效果会非常好，如把商品的价格与日常支付的费用进行比较等。由于买家往往不知道在一定时间内的日常费用加起来有多大，相比之下觉得买这个商品花不了多少钱，就决定购买了。一位立体声录音机网店主曾向他的买家证明其录音机的价格，只相当于买家在一定时期内抽香烟和乘公共汽车费用的总和。另一位家庭用具网店主则这样解释商品的价格：这件商品的价格是 2000 元，但它的使用期是10 年，这就是说，你每年只花 200 元，每月只花 16 元左右，每天还不到 6 角钱。考虑到它为你节约的工作时间，6 角钱算什么呢？

（五）讨价还价要分阶段进行

和买家讨价还价要分阶段一步一步地进行，不能一下子降得太多，而且每降一次要装出一副束手无策的无奈模样。

有的买家故意用夸大其辞甚至威胁的口气，并装出要告辞的样子吓唬你。比如，他说："价格贵得过分了，没有必要再谈下去了。"这时你千万不要上当，一下子把价格压得太低。你可显示很棘手的样子，说："先生，你可真厉害呀！"故意花上几十秒钟时间苦思冥想一番之后，使用交流工具打出一个思索的图标，最后咬牙作出决定："实在没办法，那就……"比原来的报价稍微低一点，切忌降得太猛了。当然对方仍不会就此罢休，不过，你可要稳住阵脚，并装作郑重其事、很严肃的样子宣布："再降无论如何也不成了。"在这种情况下，买家将错认为这是最低限度，有可能就此达成协议。也有的买家还会再压一次，尽管幅度不是很大，例如："如果这个价我就买了，否则咱们拜拜。"这时网店主可用手往桌子一拍，"豁出去了，就这么着吧"，立刻把价格敲定。实际上，被敲定的价格与网店规定的下限价格相比仍高出不少。

（六）讨价还价要一点一点地进行

像挤牙膏似地一点一滴地讨价还价，到底有没有必要呢？

答案是：当然有必要。

首先，买家会相信网店主说的都是实在话，他确实买了便宜货。同时也让买家相信网店主的态度是很认真的，不是产品质量不好才让价，而是被逼得没办法才被迫压价，这样一来，会使买家产生买到货真价实的产品的感觉。网店主千方百计地与对方讨价还价，不仅是尽量卖个好价钱，同时也使对方觉得战胜了对手，获得了便宜，从而产生一种满足感。假使让买家轻而易举地就把价格压下来，其满足感则很淡薄，而且还会有进一步压价的危险。

（七）不要一开始就亮底牌

有的网店主不讲究价格策略，洽谈一开始就把最低价抛出来，并煞有介事地说："这个最低价，够便宜的吧！"

网店主的这种做法其成功率是很低的。要知道，在洽谈的初始阶段，买家是不会相信网店主的最低报价的。这样一来，你后悔也来不及了，只能反复地说："这已是最低价格了，请相信我吧！"此时此刻若想谈成，只能把价格压到下限价格之下了。

（八）恰当应付胡搅蛮缠型买家的讨价还价

在买家当中，确实有一种人会没完没了地讨价还价。这类买家与其说想占便宜，不如说是成心捉弄人。即使你告诉了他最低价格，他仍要求降价。对付这类买家，网店主一开始必须狠心把报价抬得高高的，在讨价还价过程中要多花点时间，每次只降一点，而且降一点就强调一次"又亏了"。就这样，降个三四次，他也就满足了。有的商品是有标价的，因标有价格所以降价的幅度十分有限，每一次降的要更少一点。(切记：摸透对方脾气，假装不情愿降价。)

二、如何排除客户的疑义

只有把客户的所有疑义都排除了，客户才有可能下订单给你。排疑在网店客服工作中的重要作用，无需多说，想必各位店家都有着深刻的认识，其具体操作方法如下：

（一）顾客说：我要考虑一下

对策：时间就是金钱。机不可失，失不再来。

1. 询问法

通常在这种情况下，顾客对产品感兴趣，但可能是还没有弄清楚你的介绍(如某一细节)，或者有难言之隐(如没有钱)不拍板，再就是顾客的推脱之词。所以要利用询问法将原因弄清楚，再对症下药，才能药到病除。如：先生，我刚才是哪里没有解释清楚，所以您说您要考虑一下？

2. 假设法

假设马上成交，顾客可以得到什么好处；假如不马上成交，有可能会失去一些到手的利益，利用人的患得患失迅速促成交易。如：某某先生，您确定对我们的产品很感兴趣，假设您现在购买，可以获得××(外加礼品)。我们一个月才有一次促销活动，现在有许多人都想购买这种产品，假如您不及时决定，会……

（二）顾客说：太贵了

对策：一分钱一分货，其实一点也不贵。

1. 比较法

(1) 与同类产品进行比较。如：市场××牌子的产品售价××钱，这个产品比××牌子便宜多啦，质量还比××牌子的好。

(2) 与同价值的其他物品进行比较。如：××钱现在可以买 a、b、c、d 等几样东西，而这种产品是您目前最需要的，现在买一点儿都不贵。

2. 拆散法

将产品的几个组成部件拆开来，一部分一部分来解说，每一部分都不贵，合起来就更加便宜了。

3. 平均法

将产品价格分摊到每月、每周、每天，尤其对一些高档服装销售最有效。如买一般服装只能穿多少天，而买名牌可以穿多少天，平均到每一天的比较，买贵的名牌显然划算。例如：这个产品你可以用多少年(××月或××星期)呢？按××年(××月或××星期)计算，实际每天的投资是多少，你每天花××钱就可获得这个产品，值得拥有！

4. 赞美法

通过赞美让顾客不得不为面子而掏腰包。如：先生，一看您就知道您平时很注重××

(如仪表、生活品位等)的啦，不会舍不得买这种产品或服务的。

(三) 顾客说：市场不景气

对策：不景气时买入，景气时卖出。

1. 讨好法

有时可对顾客讲，例如股票，当别人都在卖出时，成功者则购买；当别人买进，成功者却卖出。决策需要勇气和智慧，许多很成功的人都在不景气的时候建立了成功的基础。通过说购买者聪明、是成功人士等讨好顾客。

2. 化小法

景气是一个大的宏观环境，是个人无法改变的，对每个人来说在短时间内还是按部就班，一切"照旧"。这样将事情淡化，将大事化小来处理，就会减少宏观环境对交易的影响。例如，这些日子来有很多人谈到市场不景气，但对我们个人来说，还没有什么大的影响，所以说不会影响您购买××产品的。

3. 例证法

举前人的例子，举成功者的例子，举身边的例子，举群体行为的例子，举流行的例子，举领导的例子，举偶像的例子等，让顾客向往，产生冲动，马上购买。例如：××先生、××人××时间购买了这种产品，用后感觉怎么怎么样(有什么评价，对他有什么改变)。今天，您有相同的机会，作出相同的决定，您愿意吗？

(四) 顾客说：能不能便宜一些

对策：价格是价值的体现，便宜无好货。

1. 得失法

交易就是一种投资，有得必有失。单纯以价格来进行购买决策是不全面的，光看价格，会忽略品质、服务、产品附加值等，这对购买者本身是个遗憾。例如：您认为某一项产品投资过多吗？但是投资太少，所付出的就更多了，因为您购买的产品无法达到预期的满足(无法享受产品的一些附加功能)。

2. 底牌法

这个价位是产品目前在全国最低的价位，您要想再低一些，我们实在办不到。通过亮出底牌(其实并不是底牌，离底牌还有距离)，让顾客觉得这种价格在情理之中，买得不亏。

3. 老实法

在这个世界上很少有机会可以花很少的钱买到最高品质的产品，告诉顾客不要存有这种侥幸心理。例如：假如您确实需要低价格的，我们这里没有，据我们了解其他地方也没有，但有稍贵一些的××产品，您可以看一下。

(五) 顾客说：别的地方更便宜

对策：服务有价，一分价钱一分货。

1. 分析法

大部分人在作购买决策的时候，通常会了解三方面的事：第一个是产品的品质，第二个是产品的价格，第三个是产品的售后服务。客服应就这三个方面轮换着进行分析讲解，打消顾客心中的顾虑与疑问。例如：××先生，那可能是真的，毕竟每个人都想以最少的钱买最高品质的商品。但我们这里的服务好，可以帮忙进行××，可以提供××，您在别的地方购买，没有这么多服务项目，您还得自己花钱请人来做××，这样不仅耽误您的时间，又没有节省钱，还是我们这里比较合适。

2. 转向法

不说自己的优势，转向客观公正地说别的商家的弱势，并反复不停地说，突破顾客心理防线。例如：我从未发现那家公司可以以最低的价格提供最高品质的产品，又提供最优的售后服务。我的××(亲戚或朋友)上周在他们那里买了××，没用几天就坏了，又没有人进行维修，找过去还态度不好……

3. 提醒法

提醒顾客现在假货不少，不要贪图便宜而得不偿失。例如：为了您的幸福，品质与价格两方面您会选哪一项呢？您愿意牺牲产品的品质只求便宜吗？假如买了假货怎么办？您不愿意要我们公司良好的售后服务吗？××先生，有时候我们多投资一点，来获得真正要的产品，这也是蛮值得的，您说对吗？

(六) 顾客讲：它真的值那么多钱吗

对策：可以用以下三种方法打消顾客的顾虑。

1. 投资法

作购买决策就是一种投资决策，普通人是很难对投资的预期效果作出正确评估的，都是在使用或运用过程中逐渐体会、感受到产品或服务给自己带来的利益。既然是投资，就要多看看以后会怎样，现在也许只有一小部分作用，但对未来的作用很大，所以它值！

2. 反驳法

利用反驳，让顾客坚定自己的购买决策是正确的。例如：您是位眼光独到的客人，您现在难道怀疑自己了？您的决定是英明的，您不信任我没有关系，您也不相信自己吗？

3. 肯定法

先肯定顾客购买的产品是超值的，再来分析给顾客听，以打消顾客的顾虑。可以对比分析，可以拆散分析，还可以举例佐证。

（七）顾客说：不，我不要这个产品……

对策：我的字典里没有"不"字。

1. "吹牛"法

"吹牛"是讲大话，推销过程中的"吹牛"不是让销售员说没有事实根据的话，讲假话，而是通过"吹牛"表明销售员销售的决心，同时让顾客对自己有更多的了解，让顾客认为销售员在某方面有优势、是专家，从而信赖销售员并达成交易。例如：我知道您每天有许多理由推脱了很多推销员让您接受他们的产品。但我的经验告诉我，没有人可以对我说"不"，说"不"的我们最后都成为朋友。当他对我说"不"，他实际上是对即将到手的利益(好处)说"不"。

2. 比心法

其实销售员向别人推销产品，遭到拒绝，可以将自己的真实处境与感受讲出来与顾客分享，以博得顾客的同情，产生怜悯心，促成购买。例如：假如有一项产品，您的顾客很喜欢，而且非常想要拥有它，您会不会因为一点小小的问题而让顾客对您说不呢？所以××先生今天我也不会让您对我说不。

3. 死磨法

坚持就是胜利，在推销的过程中，没有你一问，顾客就说要什么产品的。顾客总是下意识地提防与拒绝别人，所以销售员要坚持不懈地向顾客进行推销。假如顾客一拒绝，销售员就撤退，顾客对销售员也不会留下什么印象。

任务四　掌握商品的备货发货

顾客在客服的耐心引导下，终于下定决心拍下了商品，接下来的操作就是给顾客发货了。但是如果这件商品是你们店铺中的爆款，销量很好，你就得时时留意这件商品的库存状况。那么，怎么查看商品的库存呢？如果查看库存之后发现库存充足，又如何进行发货操作呢？

一、了解商品库存状况

 做一做　登录淘宝网搜索商品。

登录淘宝网(http：//www.taobao.com/)搜索衣服鞋帽等商品，注意页面上显示的库存量，并且尝试拍下搜索到的商品，观察卖家库存量的变化情况。

请你根据观察到的情况，说说你对库存这一概念的理解。

1. 卖家商品库存

卖家为了满足客户的购买而拥有的实际商品数量。

2. 库存管理的目标

在企业现有资源约束下，以最合理的成本为用户提供能达到其期望水平的服务。也就是说，在达到顾客期望的服务水平的前提下，尽量将库存成本减少到可以接受的水平。库存管理需要实现下面两个目标：

(1) 谋求资本的有效运用。如果多余的商品长期积压，对资金的正常运行来讲是最头疼的事。只有防止资金僵化，资金进行良性循环才能产生利润。保有最小库存量，保证销售流动能顺利进行，使库存产品量达到不致存量不足的最小限度，避免积压资金。中小型卖家的资金往往都是有限的，过多的库存积压势必会影响其资金周转。

(2) 谋求店铺的持续发展。中小卖家还处于发展的上升期，过多的库存固然会造成资金周转困难而影响店铺的运作，但是过少的库存也不利于店铺的持续发展。因此，在保证店铺经营需求的前提下，实时查看库存，掌握库存动态，使库存量经常保持在合理的水平上，避免出现缺货或者超储的情况。

案例：

小卖家如何做好库存管理

库存管理很重要，是一项系统性较强的活动，它与企业的资金流、信息流、物流等环节息息相关、不可分割，可以说库存管理的好坏，关系到电商的生死。小卖家大多还处于成长阶段，资金少、库存规模小、产品种类少、数量小、易控制等因素，使得大多数卖家对于库存管理的认识不够深刻。但是随着电子商务的日趋成熟，这部分淘宝店主的经营也必定会壮大，必然要面临库存管理问题。

案例分析：为什么专门的库存管理软件不适合小卖家？为什么说 Excel 是适合小卖家进行库存管理的软件？

拓展学习：登录百度(www.baidu.com)，输入关键词"Excel 进行库存管理"进行搜索，学习利用 Excel 进行库存管理的基本方法。

小组讨论：说说利用 Excel 进行库存管理需要对哪些项目进行统计及处理。

二、熟悉商品的发货流程

 做一做　利用搜索引擎查找不同平台上的发货流程的异同。

利用搜索引擎，登录百度(www.baidu.com)，输入关键词"淘宝商家发货流程"，了解在淘宝平台上卖家的发货操作流程；输入关键词"京东商城卖家发货流程"，了解在京东平台上卖家的发货操作流程；输入关键词"一号店卖家发货流程"，了解在一号店平台上卖家的发货操作流程。

根据以上调查所收集到的资料，各小组讨论在三个平台上卖家进行发货操作的异同。

（一）必备知识

1．卖家发货

卖家发货是指卖家在规定时间内，将商品交付给物流公司，并且将物流单号反馈给客户，以便客户查询自己所购物品的物流动态的操作。

2．物流

2001 年 8 月公布的中华人民共和国《物流术语》中将物流定义为：物品从供应地向接受地的实体流动过程。根据实际需求，将运输、储存、装卸、搬运、包装、流通加工、配送、信息处理等基本功能实施有机结合。

一般的中小商家应用的物流通常为第三方物流公司提供的第三方物流。

选择物流公司的技巧：卖家在选择物流公司时需要考虑安全问题、诚信问题、价格问题。

（二）淘宝商家常规发货流程

淘宝商家常规发货具体流程主要有以下几步：

第一步，登录淘宝，找到卖家中心；

第二步，在卖家中心点击交易管理中已卖出的宝贝；

第三步，查看未处理订单，点击发货；

第四步，进入新的物流平台，使用淘宝推荐的物流，当你的鼠标移动到推荐物流区域，此区域变成亮黄色，点击这个区域中的"选择该方式"按钮。填写发货地址和卖家地址，并且约定快递上门取件的时间，然后根据价格对比选择物流，最后填写好物流公司提供的物流单号即完成发货。

小提示：如果使用的是自己联系的物流，则在选择物流时点击"自己联系物流"，在下拉表里选择物流公司，输入快递单号，点击发货。

如果商品不需要物流，在选择物流时选择第三项"不需要物流"即可。

想一想 如果你是卖家，你会选择什么物流方式？会选择什么物流公司，为什么？

案例：

挑选快递公司的一些小提示

1. 快递的价格

建议大家不要盲目选择价格最低廉的快递，因为一般价格过于偏低的服务，其质量通常也一般，合作久了之后说不定也会拉低你的店铺信誉。因此建议大家一定要选择价格适中的为好，单多的话也可以适当再降低一下价格。

2. 发货的速度快慢

要想选择长期进行合作的快递，当然要知道他们的发货速度了，发货速度快的公司，肯定是很受买家青睐的。顺丰虽然速度比较快，但是如果买家不特别要求的话，淘宝很多卖家是不会发顺丰的，因为价格相对较高，一些中小卖家承担不了。

3. 快递的服务态度

货比多家，在价格都差不多的情况下，谁的服务态度好，卖家就跟谁达成长期合作的关系。快递的服务态度也是会影响到买家收货心情的哦！

案例分析：如果你是卖化妆品的商家，并且位于长三角地区，你会选择什么物流，为什么？

拓展学习：通过上网搜索、查阅资料等方式，收集国内主要快递公司在网点布局、配送速度、服务质量、费用高低等方面的优劣，形成调研数据报告。

 **技能训练**

网店交易纠纷处理

小组合作开展训练，针对以下几种情况，给出相应的应对方式。

1. 关于质量的问题

客户投诉收到的货物开箱就是损坏的，你怎么处理？

客户抱怨刚拿到手的产品，用了几次就坏掉了，你怎么处理？

客户抱怨拿到手的东西没有他想要的功能或者是没有达到他的期望，你怎么处理？

2. 关于物流的问题

客户向你抱怨说，商品是收到了，但是快递员的态度很差，你怎么应对？

客户要求查物流信息，并且抱怨快递速度太慢，你怎么应对？

客户威胁说"明天如果还不到，就不要这东西了，要求申请退款"，你怎么应对？

3. 其他纠纷

你还知道在交易过程中会存在哪些纠纷？

项目5 售后客服技巧

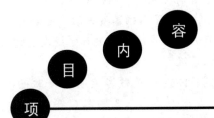

任务一：学会售后商品的退换货处理

任务二：学会正确处理客户投诉

 情境导入

售后服务是保障客户满意度的重要环节。网上超市在提供价廉物美的产品的同时，售后客服也向消费者提供完善的售后服务，并将优质的售后服务作为平台竞争的一大优势。

张静轮岗到了售后组，成了售后客服。她刚接手工作就遇到了各种各样的问题。每天在不断地跟顾客沟通过程中，张静感觉到无比困惑，该怎么解决这些问题呢？通过请教前辈和向同事学习，张静首先明白了要做好售后服务，需要掌握售后服务的流程，懂得售后服务的具体内涵，按照具体的工作流程来操作。另外对于售后过程中遇到的问题进行相应的归类。在顾客的评价上，不仅中、差评需要跟踪处理，好评也需要做必要的维护管理。顾客在与客服沟通的过程中，要分清楚所发生的纠纷是属于哪一类？这些纠纷是由于什么样的原因造成的？处理这些纠纷需要哪些方法和操作？每天的工作处理还要进行相应的进度安排和跟踪，对于没有处理好的问题要做好备注，并与下一班的同事做好交接。学习和掌握了这些技能，张静在处理和化解卖家与买家的矛盾时更加有效率了。

 目的及要求

1. 了解售后服务的工作流程
2. 掌握顾客评价的处理规范
3. 理解顾客纠纷的各种类型
4. 根据售后服务流程处理售后工作

任务一　学会售后商品的退换货处理

【导入案例】

张静按照工作流程，开始一天的售后工作，首先要跟进前一天处理的问题件，联系确认顾客签收与否，快递信息(一般快递问题需持续跟进2到3天)显示顾客签收后，也会电话联系一下；其次是在旺旺聊天过程中，有顾客着急发货的要记录统计，次日跟进发货情况，及时催促店长或者仓储发货；最后要查看后台的维权情况。

在处理问题件的过程中，张静发现有几个订单出现了问题：一是顾客A买到一款包，要求退货退款；二是顾客B买到的一条打底裤有瑕疵，要求补偿；三是顾客C买到的一款活动产品确认收货后，投诉发货太慢了。张静根据售后服务的工作流程，一一进行了解决。

一、了解售后服务

一名顾客在圣诞节买了一件某品牌牛仔裤，穿过几次发现掉色，用盐水处理过后再穿还有掉色的现象，还把顾客的包也蹭上了颜色，顾客要求给一个说法并处理。对于顾客遇到的问题，张静先熟悉售后服务的工作范围，再寻求解决的办法。

售后服务包括退换货及补偿、快递超区、返修、评价、错发货、维权、订单跟踪。

(一) 退换货及补偿

快递送达时，顾客当面对照送货单核对产品，如出现产品数量缺少、产品破损等情况，可以当面拒签，退回产品，并在24小时内通过旺旺、客服电话等告知客服。在收到退回产品后，根据用户的订单信息进行查询核实，如发现确是漏发产品，可对数量不足的部分进行退款处理，或根据订单信息实际情况给予补寄(通常为3个工作日)。由此产生的额外费用，均由卖家承担。如果卖家对退换货不存在过错的，退换货时的费用由买家承担；包邮商品，发货运费由买卖双方分别承担。退货具体处理如图5.1所示，换货处理如图5.2所示，补偿处理如图5.3所示。

提出退换货的请求，需要跟卖家沟通，待卖家同意退换货，并提供退换货地址，一般情况下，自收到货后七天内需要寄出货物并在平台上提交申请。

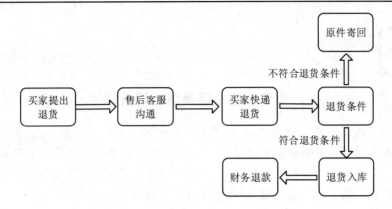

图 5.1　退货流程图

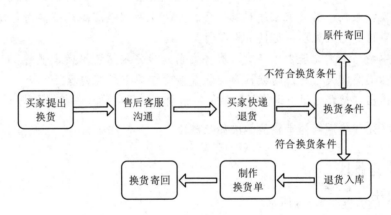

图 5.2　换货流程图

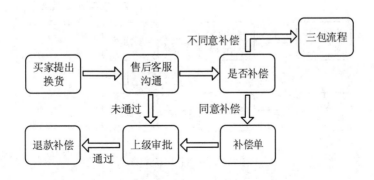

图 5.3　补偿流程图

知识窗

"七天无理由退换货" 服务规范

"七天无理由退换货"指用户(包含淘宝商城商家,下称"卖家")使用淘宝提供的技术支持及服务向其买家提供的特别售后服务,允许买家按服务规则及淘宝网其他公示规则的规定对其已购特定商品进行退换货。具体为,当淘宝网买家使用支付宝服务购买支持"七天无理由退换货"的商品,在签收货物(以物流签收单时间为准)后七天内(如有准确签收时间的,以该签收时间后的 168 小时为七天;如签收时间仅有日期的,以该日后的第二天零时起计算时间,满 168 小时为七天),若因买家主观原因不愿完成本次交易,卖家有义务向买家提供退换货服务;若卖家未履行其义务,则买家有权按照本规范向淘宝发起对该卖家的投诉,并申请"七天无理由退换货"赔付。

卖家在申请"七天无理由退换货"服务之前,应仔细阅读退换货规则。一旦卖家申请该服务并成功提交相关信息,则默认为确认并接受该规则所有内容。

买家在提出"七天无理由退换货"赔付申请前,应仔细阅读并接受该规则的所有内容。

想一想　处理售后问题审核的标准如何制定?

(二) 快递超区

快递超区的流程如图 5.4 所示。

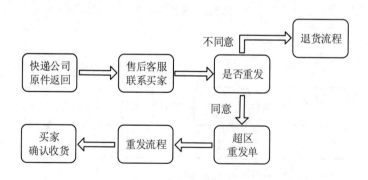

图 5.4　快递超区流程图

在快递问题件中包括几种情形,分别是快递超区、盲件区、网点暂停后的滞留件。快递超区指的是快递公司网点内不派送区域的快件。盲区件也叫"无网点件",指快递公司网络未开通城市网点的快件。网点暂停后的滞留件指的是网点突然暂停,造成部分在暂停前中途滞留中转站或暂停网点滞留的快件。具体的快递问题件要根据相应的快递公司网点业务开展情况来分析。一般情况下,要防止快递问题件的发生,售后客服要与买家做好发货的前期沟通工作,确定快递网点的区域,发生超区情况及时进行协商。

◆ 对于超区包裹的处理机制

针对不同的快递公司制订不同的超区包裹处理预案(有些快递主动想办法完成包裹的投递,有些快递则直接将快递包裹原件返回)。

根据超区发生的比例和频率,用结算扣款、取消优先发货权等方式来制约快递公司,以提高其超区收件的发生率。依照买家收货地址和物流分配的原则(首要默认快递公司、次要默认快递公司等)来判断具体订单中应当自动分配给哪个快递公司,为了减少人为的判断失误,很多电商平台都有物流接口或快递公司提供的开发查询接口。

想一想　请根据您所在的地理位置,查一查物流网点情况,有没有快递超区的情况?

(三) 返修

售后客服通过查找已收货订单中的买家购买信息关联生成返修单,并根据返修阶段(买家已寄出、仓库收货确认、维修中、维修之间入库、返修入库、卖家已收货等)来对返修过程进行跟踪处理。对于某些超期返修、超服务返修售后客服要通过预先制定的审批流程来征求上级领导对买家提出的返修建议,确定是否给予买家返修服务。返修流程如图 5.5所示。

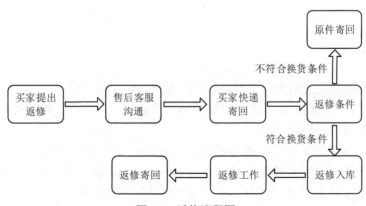

图 5.5　返修流程图

◆ 购物时请卖家提供发票可以减少返修时不必要的麻烦。

想一想　符合返修的条件有哪些?

(四) 错发货

串发和错发，主要是指发货人员把一定规格、数量的商品错发出库的情况下，如果商品尚未离库，应立即组织人力，重新发货。如果商品已经提出仓库，售后客服要根据实际库存情况，与顾客和快递公司共同协商解决。一般在无经济损失的情况下按照买家的要求进行二次发货或退货处理。如果形成了直接的经济损失或者消极影响，责任人进行记录考核，并按发货考核机制规范发货。错发货流程如图 5.6 所示。

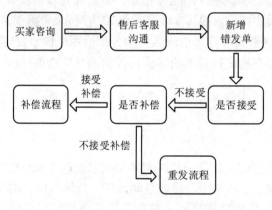

图 5.6　错发货流程图

 做一做　有一个客户买了 10 双袜子，可客户收到袜子后发现少了 1 只，客服该怎么办呢?

(五) 评 价

对于买家在购物之后的评价尤其是针对中差评，售后的回评专员要及时将买家的描述信息和建议反馈给各部门的负责人，查实原因并妥善处理，本着"有则改之，无则加勉"的态度来对待买家的评价。

为了缓解买家的纠结情绪，网店经常会以实物或者现金补偿的方式来换取买家的谅解，并最终消除买家已发布的中差评的负面影响，因此，在赔付金额、具体赔付方式上，回评专员要提交上级领导进行审批，并按照审批结果妥善处理中差评。评价流程如图 5.7 所示。

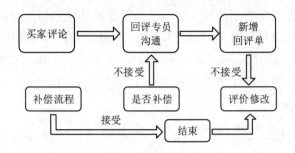

图 5.7　评价流程图

想一想　这几个问题件中，哪些有可能产生中差评？

（六）维权

买家发起的维权，无论出发点如何，都能反映出卖家在管理和业务受理过程中存在的漏洞和隐患，因此，透过维权看管理上的问题才是有效解决维权的根本方法。

卖家维权专员对每日的维权记录进行新增登记与原销售订单进行关联，对卖家提出的维权理由和网店的回复、最终解释、处理意见进行跟踪记录，并在维权单完结时将责任部门、责任人、处罚考核结果等信息记录完全。维权流程如图 5.8 所示。

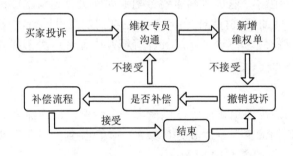

图 5.8　维权流程图

想一想　思考自己工作中存在的缺点，以及这些缺点给网店带来的负面影响和损失（赔偿）。

（七）订单跟踪

在售后服务过程中，要增强主动服务意识，主动发现问题，及时与买家沟通，更容易获得买家的谅解，确保订单交易的顺利完成，而不是被动地等待买家找上门来进行维权、索赔。重点关注"交易成功"后 15 天内的订单，在淘宝交易成功确认 15 天的订单，很少再发生维权、退款等相关纠纷。因此交易成功后的 15 天是一个比较重要的阶段，尤其要做好此段时间买家订单的跟踪。订单跟踪流程如图 5.9 所示。

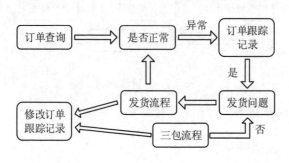

图 5.9　订单跟踪物流图

想一想　主动跟踪并与买家沟通可以避免哪些问题？

二、熟悉商品退换货的价差处理

顾客王某的包需要退款、退货，客服要告知他如何进行退货退款的处理；顾客刘某需要索赔，客服要告之，他如何进行赔偿的申请，在收到刘某投诉后，及时进行相应的处理。对于成功的订单，要了解顾客评价，完成好评解释及中差评的处理操作。在熟悉了售后服务的工作流程后，再进行平台操作。

1. 买家退货退款操作

如果买家收到商品后需要退货退款，以淘宝平台为例，操作流程如下：

第一步，进入"我的淘宝"→"我是买家"→"已买到的宝贝"页面找到对应交易订单，单击"退款/退货"，如图 5.10 所示。

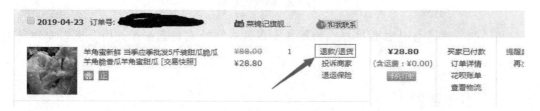

图 5.10　"退款/退货"页面

　　第二步，如果是已经收到货，则选择申请的服务类型"退货退款""我需要退货"以及"退款原因"，输入需要退款的金额，填写退款说明，上传凭证图片，输入支付宝账户支付密码，单击"立即申请退款"，如图 5.11 所示。

图 5.11　提交申请

　　第三步，关注退款状态和退款超时，待卖家同意退款协议，此时退款状态为"退款协议达成，等待买家退货"，实际完成退货后，单击"退货给卖家"。然后可以进入"已买到的宝贝"页面，选择"退款处理中"查看退款的详细信息及卖家答复。

　　第四步，卖家有 5 天的时间来同意或拒绝买家的退款申请，若卖家同意退货协议，页面上会出现卖家的退货地址，买家可以根据此地址进行退货的操作。退货后，请到退款页面"填写退货信息"。

　　◆ 买家需要在 7 天内退货，逾期未退货，退款会被关闭，继续交易超时。

　　选择退货的快递公司，填写运单号。若下拉菜单中没有退货的快递公司，请选择其他进行填写。

　　◆ 退货信息一旦提交将无法修改，若之前购买了退货运费险，请务必填写。

　　第五步，确认信息无误后，单击"提交退货信息"的按钮，退货信息就提交成功了，卖家后续会有 10 天的时间来进行确认，逾期卖家没有处理，系统也会自动退款给买家，如图 5.12 所示。

图 5.12　退款成功

　　不论是作为买家还是卖家，退款的时候一定要及时响应整个流程，否则超时了，退款关闭或者退款成功，对于买卖双方都是损失。

2. 卖家处理退货退款流程

　　收到买家的退款申请后，卖家可以在"我的淘宝"→"已卖出的宝贝"或在"交易提醒"内处理买家的退款申请。当收到退款申请，卖家将会有"同意退款申请""拒绝退款申请""发表留言及上传凭据"以及"要求客服介入"的选项，应就实际情况作出回应。如果是卖家没发货申请退款，则卖家只需要处理退款申请。卖家处理退货退款流程如图 5.13～图 5.17 所示。

图 5.13　未发货申请退款

1 买家申请退货退款
2 卖家处理退货申请
3 买家退货
退货商品：
山药新鲜乌鸡土铁棍山药铁棍淮山河南焦作铁棍铁杆铁桂怀山约精选
服务类型：*
仅退款
退货退款
退款原因：*
请选择
退款金额：*
¥25.50
最多¥25.50，含发货邮费¥0.00
退款说明：
退款说明
上传图片：
上传凭证
(最多3张)
有问题？
找小蜜
提交

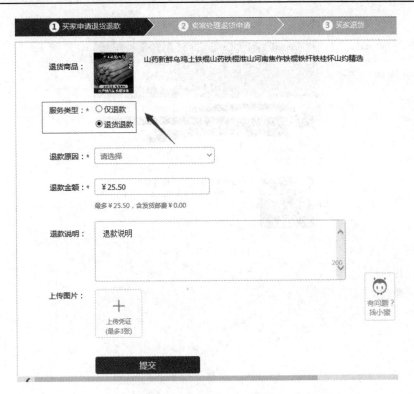

图 5.14　收到货后申请退款

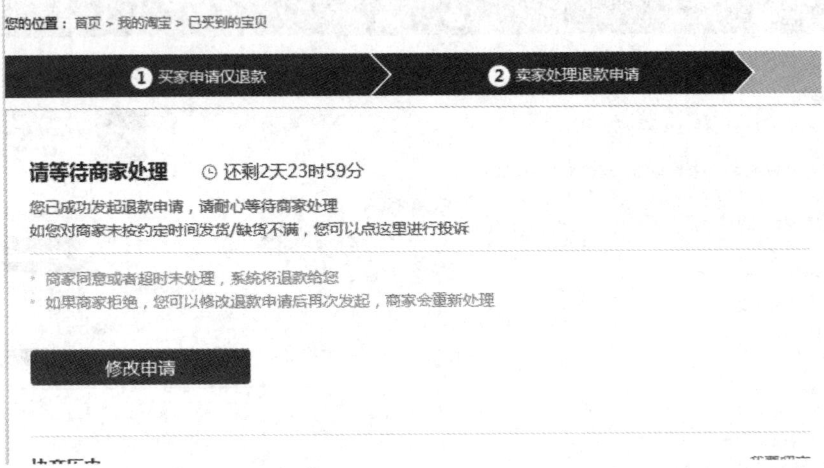

您的位置：首页 > 我的淘宝 > 已买到的宝贝
1 买家申请仅退款
2 卖家处理退款申请
请等待商家处理
还剩2天23时59分
您已成功发起退款申请，请耐心等待商家处理
如您对商家未按约定时间发货/缺货不满，您可以点这里进行投诉
商家同意或者超时未处理，系统将退款给您
如果商家拒绝，您可以修改退款申请后再次发起，商家会重新处理
修改申请

图 5.15　等待买家退货

图 5.16 收货确认退款

图 5.17 退货退款成功

使用店铺优惠券的订单

1. 交易成功后部分退款的最大可退金额计算方式

Q：我在商城店铺中，购买了多件商品，其中使用了店铺优惠券，如果交易成功之后，我要退其中一件货物，可以退多少钱？

A：最大可退金额 = 需退款商品原价 − 订单中优惠的金额 × $\dfrac{需退款商品原价}{订单原价}$

例：订单总价 100 元，其中使用 20 元店铺优惠券，交易成功后，要退其中原价为 30 元的商品，则可退金额为

$$30 - 20 \times \frac{30}{100} = 24 \ (元)$$

2. 满就减申请退款最大可退金额计算方式

该产品申请退款最大可退金额为

$$申请退款商品原价 - \frac{满就减优惠总金额}{订单原价 - 邮费} \times 申请退款商品原价$$

例：满就减：满 300 元减 100 元。

订单包括 A、B 两件商品，A 商品 200 元，B 商品 300 元，订单原价 510 元，邮费 10 元，订单实价 410 元，如果买家申请 A 商品的退款，计算方式为

$$最大可退金额 = 200 - \frac{100}{510 - 10} \times 200 = 160 \ (元)$$

做一做　顾客买的包原价是 280 元，活动价满 238 送 10 元优惠券，小华要给他退款的话应该退多少呢？

3. 维权处理

买家对交易不满意，可以申请"同意退款"后或者"确认收货"后对卖家进行投诉。单击"我买到的宝贝"→"投诉卖家"，填写投诉理由，提交等待卖家的处理，如图 5.18

所示。

图 5.18　确认收货投诉

卖家可以在"客户服务"→"投诉管理"→"我收到的投诉"中对被投诉的订单进行处理。

一般情况下，对于符合事实的情况，给予一定的补偿就可以完成。如果卖家对所投诉的情况有所异议，可以申请平台客服介入，进行相应的举证维权。

(1) 交易退款中维权。在会员单击"要求客服介入处理"后，通知举证方 3 天举证，卖家 24 小时预处理期，举证完成后淘宝客服会在 4 个工作日内给出处理意见。

(2) 交易结束后申请售后。申请售后，等待卖家处理，卖家拒绝后可以申请淘宝介入，通知举证方 3 天内进行举证，举证完成后，淘宝客服将在 4 个工作日内给出处理意见，如图 5.19 所示。

图 5.19　售后处理成功

想一想　投诉会对店铺产生哪些影响？

4. 评价处理流程

信用评价是会员在平台交易成功后，在评价有效区内(成交后 3～45 天)，就该笔交易互相作评价的一种行为，它包括卖家给买家的评价和买家给卖家的评价。买家可以根据购买的体验对卖家服务作出综合评价。买家给出评价以后，卖家可以充分利用解释做宣传广告，并不是只有中评、差评的时候才需要解释。单击"评价管理"→"来自买家的评价"→"回复"，就可以对中差评作出相应的解释了。卖家评价回复如图 5.20 所示。

初次评价:
04.28

很好剥，水分也很多，闻起来特别香，很新鲜，吃起来满嘴都是新鲜果汁的感觉，对身体也有好处能够补充维生素c，刚刚拿到就被我吃了一个，甜甜的水分又多

收货当天追加:

味道很棒，包装很仔细，果汁色泽鲜艳味浓爽口，浓烈的香味哦，丑橘大小这么均匀，剥开后水分也充足，丑橘的颜色也是比较纯正的每个都是均匀大小，完好无损

解释：亲亲，首先感谢您能在众千生鲜商家中选择我们黛皙旗舰店，并对我们的产品与服务给予高度认可，您收到的可能只是令您满意的新鲜果子，但是却是我们从采摘到送到您手上的努力。我们的努力包括快递小哥的辛劳在您的认可和满意下似乎得到了馈赠。其次，您收到水果根据果子的特点储藏或者食用，如果对我们的产品和服务有任何意见或者建议，请您及时与我们的在线客服取得联系，为您解决任何问题亲我们家支持【坏果包赔】亲可【售后无忧】，麻烦亲联系我们客服，我们一定用心会为亲处理好赔付问题。都是我们的荣幸呢。最后我们将代表幸福和温暖的果子发出，希望您收到的是一份惊喜和喜悦，也希望在彼此之间搭建起信任的桥梁，在往后的日子里能够带给彼此温暖和幸福，一起努力、一起快乐，

图 5.20　卖家评价回复

 做一做　请选择自己店铺中的好评进行品牌宣传，并为中差评进行解释说明。

任务二　学会正确处理客户投诉

【导入案例】

买家：我拍下的时候，都在备注里写了发快递，怎么还给我发 EMS？等了多少天了，才收到。

客服：不好意思哈亲，让您久等了。EMS 确实比较慢，不过亲远在新疆，我们担心快递不到，以前也有顾客说自己所在地可以收到快递，结果发现网点被取消了，货又退回来了。所以我们给亲发 EMS，也是为了稳妥。如果发其他快递被退回来了，反而更耽误时间，也影响亲的购物心情呢。

买家：哦，我这网点没取消，下次记得给我发快递吧。另外我多付的邮费已经申请退

款了，你去给我确认下吧。

客服：嗯嗯，好的，不过我是接待客服，没有权限处理呢，要等财务来处理。现在财务已经下班了，我们售后财务有绿色通道，我给亲备注上，这样他们上班后，第一时间就可以给亲处理了。

买家：哦，好吧，那你记得给我备注。

客服：放心吧亲，我刚才已经备注上了。

案例分析：在与客户沟通过程中，如何处理纠纷是一个重要方面，我们从这个案例中能分清楚它是哪一类纠纷吗？

一、了解纠纷的类型

在交易过程中，买卖双方通过网络达成商品的交易。买家靠商品的图片、描述以及同客服人员的沟通来获取商品信息，并不能见到商品的实物，因此在沟通过程中可能存在一定的盲点或误差。在物流配送上，现在网店大部分是依靠第三方物流公司来组织实施，也给整个交易带来了风险。同时在支付以及客户服务上都可能带来交易纠纷。纠纷的类型主要有顾客服务纠纷、物流纠纷、产品纠纷、收付款纠纷四种。

1. 产品纠纷

买家对于产品的品质、真伪、使用方法、使用效果、容量、尺码、体积等相关因素产生质疑而导致产品纠纷。

(1) 商品的品质存在的争议，如图 5.21 所示。

	小小的罐头，装了一大包干燥剂		有用 (0)
三***8	2019年02月16日 02:01　食品口味：碧根果500g		
	碧根果里面尽是碎的		有用 (0)
楠***u	2019年02月18日 22:33　食品口味：碧根果+夏果各1罐		
	味道还可以		有用 (0)
t***童	2019年01月06日 12:46　食品口味：碧根果500g		
	从来没有买过这么少肉的夏威夷果		有用 (0)
h***c（匿名）	2019年02月06日 08:20　食品口味：夏威夷果500g		

图 5.21　商品品质争议

(2) 对商品的细节存在异议，如图 5.22 所示。

s***茜
♦♦♦

不要买不要买不要买！！非常*诈的一家店，哪里都没有标注净含量，要在产品参数那里看，拉到最下面，净含量350g，两罐一共350g净含量，我称了一下，两罐加上罐子和里面的保鲜剂一共500g，保鲜剂20g，所以最后这三十多块钱只能买到310g的长寿果，还是没有参数上写的350g，也就是51元一斤。把人当傻瓜咯

2019年01月23日 18:54　　食品口味：碧根果500g（极盐味）　　　　　　　有用 (0)

历***7（匿名）
♦♦♦♦

碧根果感觉像是坏掉重新加工的，就是奶油味和一种奇怪的味道，掰开碧根果断面发黄发灰，和以前买的奶油味不是一个味！

2019年01月16日 19:44　　食品口味：碧根果500g　　　　　　　　　　有用 (0)

t***9

一共买了4份礼，一份是8罐，还跟你买了4个礼盒，配那么小的礼盒，装也装不下，礼盒小得要命，我都没法送人，杏仁又黑又小，都没开口的，还有夏威夷果也超小，唉☹

图 5.22　商品细节争议

(3) 对使用效果有异议，如图 5.23 所示。

正在使用中，不过他们家的活动，一会这样，一会那样，搞得心力憔悴，以后只有大活动的时候才考虑买，其他时候还是专柜买合适，目前没看到明显效果，不过习惯好评。

化妆品净含量：50ml　　爱***头（匿名）

04.25

解释：亲们的喜好是我们一直关注的点，为了让更多的亲买到称心如意的宝贝，我们的活动也会不断的创新，您的建议我们也会一点点记入。期待您下次的到来。感谢您对雅诗兰黛的支持，一切因您所需，如您所愿。【雅诗兰黛官方旗舰店】

来自两周后的走心评价...烂脸期是真的让人崩溃 直接上效果图吧（1-3，8p原相机前置+闪光灯）希望不要被吓到 敏感肌混油痘痘肌 大学在的城市干燥且空气污染 图一：两周前，开学一周后开始疯狂烂脸。图二：现在的状态 刚来过姨妈 爆了几个生理痘 图三：没用遮瑕产品 妆后前置 使用最大的感受 嘴巴周围暗沉真的有改善 早上起来鼻子不会出油了 维稳能力是真的牛掰！另外心疼的是...感觉自己从大油皮变成了中性皮 DW要被闲置了... 如此翻出老脸的评价是真心想要推荐一下啊啊啊啊啊

化妆品净含量：30ml　　小***9（匿名）

03.23

图 5.23　使用效果争议

2. 物流纠纷

物流纠纷是买家对选择的物流方式、物流费用、物流时效、物流公司服务态度等方面产生质疑而导致的纠纷，主要是费用和时效问题，如图 5.24 所示。

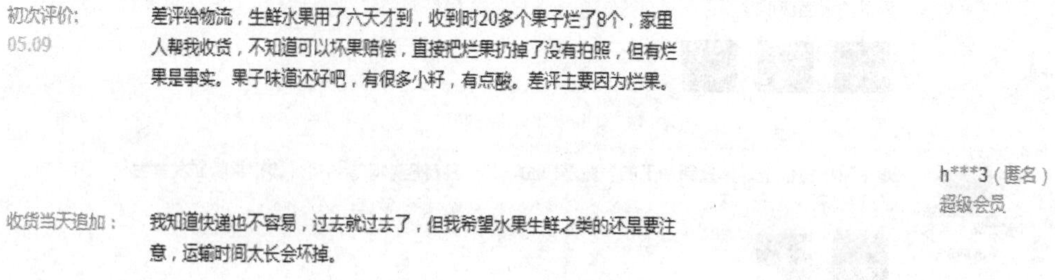

初次评价：　　差评给物流，生鲜水果用了六天才到，收到时20多个果子烂了8个，家里
05.09　　　　人帮我收货，不知道可以坏果赔偿，直接把烂果扔掉了没有拍照，但有烂
　　　　　　果是事实。果子味道还好吧，有很多小籽，有点酸。差评主要因为烂果。

　　　　　　　　　　　　　　　　　　　　　　　　　　　　　　h***3（匿名）
　　　　　　　　　　　　　　　　　　　　　　　　　　　　　　超级会员

收货当天追加：　我知道快递也不容易，过去就过去了，但我希望水果生鲜之类的还是要注
　　　　　　意，运输时间太长会坏掉。

图 5.24　物流纠纷

3. 服务纠纷

服务纠纷是买家对客服的态度、店铺售前(后)客服各项服务产生质疑而导致的纠纷，如图 5.25 所示。

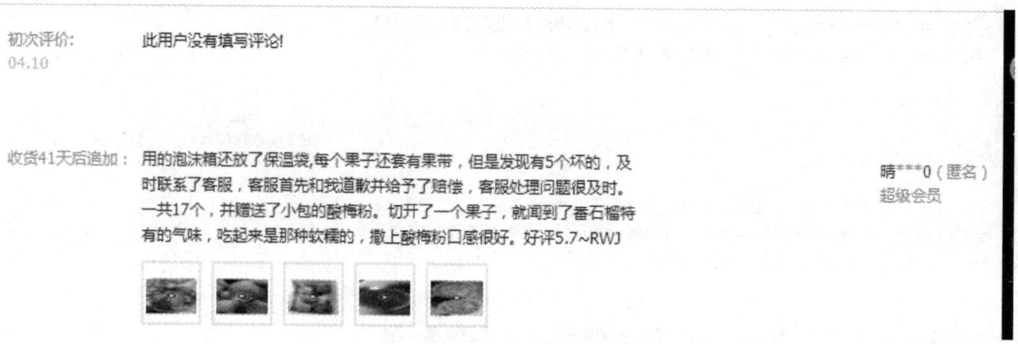

初次评价：　　此用户没有填写评论!
04.10

收货41天后追加：　用的泡沫箱还放了保温袋,每个果子还套有果帶，但是发现有5个坏的，及
　　　　　　时联系了客服，客服首先和我道歉并给予了赔偿，客服处理问题很及时。
　　　　　　一共17个，并赠送了小包的酸梅粉。切开了一个果子，就闻到了番石榴特
　　　　　　有的气味，吃起来是那种软糯的，撒上酸梅粉口感很好。好评5.7~RWJ

　　　　　　　　　　　　　　　　　　　　　　　　　　　　　　晴***0（匿名）
　　　　　　　　　　　　　　　　　　　　　　　　　　　　　　超级会员

图 5.25　服务态度争议

4. 收付款纠纷

(1) 买家付钱了，一直没有收到货。

买家付款没有收到货的情况有两种：一种情况是卖家根本就没有发货；另外一种情况是货在途中或者买家虚假收货。还有一些新手，货没收到就点击了"确认收货"，货却不知踪影。

(2) 买家拍下宝贝未付款，卖家进行发货，货已经到了买家手中。

二、如何处理客户投诉

要成功地处理客户投诉，先要找到最合适的方式与客户进行交流。很多客服人员都会有这样的感受，客户在投诉时会表现出情绪激动、愤怒，甚至对你破口大骂。此时，你要明白，这实际上是一种发泄，把自己的怨气、不满发泄出来，客户忧郁或不快的心情便得到释放和缓解，从而维持了心理平衡。此时，客户最希望得到的是同情、尊重和重视，因此你应立即向其表示道歉，并采取相应的措施。

（一）快速反应

顾客认为商品有问题，一般会比较着急，怕不能得到解决，而且也会不太高兴。这个时候客服人员要快速反应，记下他的问题，及时查询问题发生的原因，帮助顾客解决问题。有些问题不是能够马上解决的，也要告诉顾客我们会马上处理。

（二）热情接待

如果顾客收到东西后反映有问题，客服人员要热情对待，而且应该要比交易的时候更热情，这样买家就会觉得这个卖家好，不虚伪。如果卖家爱理不理，买家就会很失望，即使东西再好，他们也不会再来了。

（三）表示愿意提供帮助

遇到买家反映问题时，客服人员可以说："让我看一下该如何帮助您，我很愿意为您解决问题。"

正如前面所说，当客户正在关注问题的解决时，客服人员应体贴地表示乐于提供帮助，自然会让客户感到安全、有保障，从而进一步消除对立情绪，形成依赖感。

（四）引导客户思考

我们有时候会在说"道歉"时感到不舒服，因为这似乎是在承认自己有错。其实，"对不起"或"很抱歉"并不一定表明你或公司犯了错，这主要表明你对客户不愉快经历的遗憾与同情。不用担心客户因得到你的"道歉"而越发强硬，认同只会将客户的注意力引向解决方案。同时，我们也可以运用一些方法来引导客户的思考，化解客户的愤怒。

1."何时"法提问

一个在火头上的发怒者是无法"解决问题"的，我们要做的首先是逐渐使对方的火气减下来。 对于那些非常难听的抱怨，可用"何时"的问题来缓解紧张的气氛。如：

客户：你们根本是瞎胡搞、不负责任才导致了今天的烂摊子!

客服人员：您什么时候开始感到我们的服务没能及时替您解决这个问题？

而不能回应："我们怎么瞎胡搞了？这个烂摊子跟我们有什么关系？"

2. 转移话题

当对方按照自己的思路在不断地发火、指责时，客服人员可以抓住一些内容扭转方向，缓和气氛。如：

客户："你们这么搞把我的日子彻底搅了，你们的日子当然好过，可我还上有老下有小啊！

客服经理：我理解您，您的孩子多大啦？

客户：嗯……6 岁半。

3. 间隙转折

暂时停止对话，特别是你也需要找有决定权的人做一些决定或变通，可以说："稍候，让我来和高层领导请示一下，我们还可以怎样来解决这个问题。"

4. 给定限制

有时你虽然做了很多尝试，对方依然出言不逊，甚至不尊重你的人格，你可以转而采用较为坚定的态度给对方一定限制，如"汪先生，我非常想帮助您。但您如果一直这样情绪激动，我只能和您另外约时间了。您看呢？"

（五）认真倾听

顾客投诉商品有问题，不要着急去辩解，而是要耐心听清楚问题的所在，然后记录下顾客的用户名、购买的商品，这样便于我们去回忆当时的情形。和顾客一起分析问题出在哪里，才能有针对性地找到解决问题的办法。

在倾听客户投诉的时候，不但要听他表达的内容还要注意他的语调与音量，这有助于了解客户语言背后的内在情绪。同时，要通过解释与澄清，确保你真正了解客户的问题。如"王先生，来看一下我的理解是否正确。您是说，您一个月前买了我们的手机，但发现有时会无故死机。您已经到我们的手机维修中心检测过，但测试结果没有任何问题。今天，此现象再次发生，您很不满意，要求我们给您更换产品。"你要向客户确认："我理解了您的意思吗？"

认真倾听客户、向客户解释他所表达的意思并请教客户我们的理解是否正确，都是向客户表明了你的真诚和对他的尊重。同时，这也给客户一个重申他没有表达清晰意图的机会。

(六) 认同客户的感受

客户在投诉时会表现出烦恼、失望、泄气、愤怒等各种情绪，你不应当把这些表现理解成是对你个人的不满。特别是当客户发怒时，你可能会想：我的态度这么好，凭什么对我发火？愤怒的情感通常都会在潜意识中通过一个载体来发泄，客户仅是把你当成了发泄对象。

客户有情绪是有理由的，理应得到极大的重视和最迅速、合理的解决。所以你要让客户知道你非常理解他的心情，关心他的问题，可以说："王先生，对不起，让您感到不愉快了，我非常理解您此时的感受。"

无论客户是否永远是对的，至少对客户来说，他的情绪与要求是真实的，客服只有与客户的所想同步，才有可能真正了解他的需求，找到最合适的方式与他交流，从而为成功的投诉处理奠定基础。

(七) 安抚和解释

首先我们要站在顾客的角度想问题，顾客一般是不会无理取闹的，他来反映问题时，我们要先想一下，如果是自己遇到这个问题会怎么做，怎么解决，所以要跟顾客说："我同意您的看法""我也是这么想的"，这样顾客会感觉到你是在为他处理问题，这样也会让顾客对你的信任更多，要和顾客站在同一个角度看待问题，比如说"是不是这样子的呢"，"您觉得呢"；在沟通的时候称呼也是很重要的，客服是一个团队，所以要以"我们"来和顾客交流，会更亲近一些；对顾客也要以"您"来称呼，不要用"你"，这样会显得既不专业，也不礼貌。

(八) 诚恳道歉

不管是因为什么样的原因造成顾客的不满，都要诚恳地向顾客致歉，对因此给顾客造成的不愉快和损失道歉。如果你已经非常诚恳地认识到自己的不足，顾客一般也不好意思不依不饶。

(九) 提出补救措施

对于顾客的不满，要能及时提出补救的方式，并且明确地告诉顾客，让顾客能够感觉到你在为他考虑，为他弥补，并且你很重视他。一个及时有效的补救措施，往往能够化解顾客的不满。

针对客户投诉，每个公司都应有各种预案或解决方案。客服人员在提供解决方案时要注意以下几点：

(1) 为客户提供选择。通常一个问题的解决方案都不是唯一的，给客户提供选择会让客户感到受尊重，同时，客户选择的解决方案在实施的时候也会得到来自客户方更多的认可和配合。

(2) 诚实地向客户承诺。因为有些问题比较复杂或特殊，客服人员不确信该如何为客户解决。如果你不确信，不要向客户作任何承诺，诚实地告诉客户，你会尽力寻找解决的方法，但需要一点时间，然后约定给客户回话的时间。你一定要确保准时给客户回话，即使到时你仍不能解决问题，也要向客户解释问题进展，并再次约定答复时间。你的诚实会更容易得到客户的尊重。

适当地给客户一些补偿。为弥补公司操作中的一些失误，可以在解决问题之余，给客户一些额外补偿。很多企业都会给客服人员一定授权，以灵活处理此类问题。但要注意的是，将问题解决后，一定要改进工作，以避免今后发生类似的问题。有些处理投诉的部门，一有投诉首先想到用小恩小惠息事宁人，或一定要靠投诉才给客户应得的利益，这样并没有从根本上减少此类问题的发生。

（十）通知顾客并及时跟进

给顾客采取什么样的补救措施，现在进行到哪一步，都应该告诉顾客，让他了解你的工作，了解你为他付出的努力。当顾客发现商品出现问题后，首先担心能不能得到解决，其次担心需要多长时间才能解决，当顾客发现补救措施及时有效，而且商家也很重视的时候，就会感到放心。

三、如何减少客户流失

作为网店，如果无法阻止客户的流失，那就意味着它将永远无法做大。那么如何才能阻止客户的流失呢？笔者认为，首先要弄清楚客户流失的原因，然后"对症下药"，采取相应的有效措施，加以阻止。

（一）导致客户流失的因素

卖家大多都知道失去一个老顾客所带来的损失，需要店铺至少再开发十个新客户才能弥补。但当问及卖家顾客为什么流失时，很多卖家都一脸迷茫；再谈到如何防范，他们更是不知从何做起。客户的需求不能得到切实有效的满足往往是导致企业客户流失的最关键因素，一般表现在以下几个方面：

(1) 店铺商品质量不稳定，顾客利益受损。很多店铺开始经营的时候会选择质量好、价位稍高的商品来销售，但时间久了，慢慢地卖家会发现有些低质商品，只要图片漂亮一样好卖，于是改换便宜的劣质品来充当高档商品以卖高价位，这样一来，顾客肯定会流失很多。

(2) 店铺缺乏创新，客户"移情别恋"。任何商品都有自己的生命周期，随着网上购物平台市场的成熟及商品价格透明度的增高，商品带给顾客的选择空间往往越来越大。若店铺不能及时进行创新，顾客自然会另寻他路，毕竟买到最实惠、最优质、最新鲜的商品才是顾客所需要的。

(3) 店铺内部人员服务意识淡薄。员工傲慢、顾客提出的问题不能得到及时解决、咨询无人理睬、投诉没人处理、回复留言语气生硬、接听电话支支吾吾，回邮件更是草草了事等，是导致顾客流失的重要因素。曾有顾客反映，她是一家女装店铺的老顾客了，但这次收到的货却不对版，和照片上差异很大，在要求退货时却遭遇客服生硬的拒绝，客服部和发货部互相推诿，一来二去，耽误了时间事情却没得到解决，最后这个顾客发誓再也不去这家店铺买东西了。

(4) 员工跳槽，带走了顾客。很多店铺卖家都是小规模且雇人经营的，员工流动性相对较大，而店主在顾客关系管理方面不够细腻、规范，客服作为顾客与店铺之间的桥梁，其作用就被发挥得淋漓尽致，而店主自身对客户影响又相对乏力，一旦客服人员摸清进货渠道，在网上自立门户，且以低价进行恶性竞争，老客户就会随之而去。

(5) 顾客遭遇新的诱惑。市场竞争激烈，为能够迅速在市场上获得有利地位，竞争对手往往会不惜代价搞低价促销，来吸引更多的客源。

(6) 个别顾客自恃购买次数多，为买到网上最低价格的商品，每买一件商品都搜索最低价来对比，否则就以"主动流失"进行要挟，店铺满足不了他们的需求，只好任其"流失"。

(二) 如何防范客户流失

找到顾客流失的原因，店主们应结合自身情况"对症下药"。一般来讲，店铺应从以下几个方面入手来堵住顾客流失的缺口：

1. 做好质量营销

质量是维护顾客忠诚度最好的保证，是对付竞争者最有力的武器，是保持增长和赢利的主要途径。可见，店铺只有在产品的质量上下大工夫才能在市场上取得优势，才能为商品的销售及品牌的推广创造一个良好的运作基础，也才能真正吸引客户、留住客户。

2. 树立"客户至上"服务意识

一年夏天，武汉奇热，一时空调销量大增，由于当地售后服务队伍人数有限，海尔预料自己的售后服务将面临人员危机。于是，武汉海尔负责人很快打电话到总部要求调配东北市场的售后服务人员，接着东北海尔的售后服务人员就乘机直达武汉。客户得到了海尔全心的支持"真诚到永远"，由此可见，任何行业，服务质量好是最重要的，是留住顾客的最重要因素。

3. 强化与顾客的沟通

店铺在得到一位新顾客时，应及时将店铺的经营理念和服务宗旨传递给顾客，便于获得新顾客的信任。在与顾客的交易中遇到矛盾时，应及时与顾客沟通，并处理、解决问题，在适当的时候还可以选择放弃自己利益保全顾客利益，顾客自然会感激不尽，在很大程度上增加了顾客对店铺的信任。

4. 增强店铺在顾客心中的品牌形象价值

要想增强店铺在顾客心中的品牌形象价值，这就要求店铺一方面通过改进商品、服务、人员和形象；提高自己店铺的品牌形象；另一方面通过改善服务和促销网络系统，减少顾客购买产品的时间、体力和精力的消耗，以降低货币和非货币成本，从而来影响顾客的满意度和双方深入合作的可能性，为自己的店铺打造出良好的品牌形象。

5. 建立良好的客情关系

员工跳槽带走客户很大一个原因就在于店铺缺乏与顾客的深入沟通与联系。顾客资料是一个店铺最重要的财富，店主只有详细地收集好顾客资料，建立顾客档案并进行归类管理，适时把握客户需求让顾客从心里信任这个店铺而不是单单一件商品，这样才能真正实现"控制"顾客的目的。

6. 做好创新

店铺的商品一旦不能根据市场变化做出调整与创新，就会落后于市场。今年又火什么呢？市场是在不断变化的，只有不断地迎合市场需求和时代变化，才能真正赢得更多信赖你的顾客，只有那些走在市场前面来引导客户的经营者，才能取得成功。

7. 放弃那些用"自动流失"相要挟的顾客

防范顾客流失既是一门艺术，又是一门科学，它需要店铺不断地去创造、传递和沟通优质的顾客价值，才能最终获得、保持和增加老顾客，锻造店铺的核心竞争力，使企业拥有立足市场的资本。

　做一做　通过学习，帮助张静处理各种纠纷。

由于张静处理顾客问题的出色表现，售后客服组安排张静作为维权专员去处理公司最近发生的几起投诉问题。

订单1：顾客差评并评价"东西质量太差，根本没有说的那么好"。

订单2：顾客差评并评价"都多少天了，我还没有收到我的包裹"。

订单3：顾客差评并评价"卖家很牛的，问他什么都不理，总是回复说很忙"。

订单4：顾客中评并评价"本来是番茄酱的定时器，寄来的是番茄。"

张静将 4 个订单中出现的纠纷归结为产品纠纷、态度纠纷和物流纠纷。

如果说规避纠纷是为了防微杜渐，那么处理纠纷就是亡羊补牢了。

1. 产品纠纷处理

(1) 对于产品质量不过关的，请买家提供图片或证明，确认是质量问题再进行退货退款处理。

(2) 如买家对产品有所误解时，耐心向买家解释。

(3) 买家使用方法不当时，可引导买家了解正确的使用方法。

2. 物流纠纷处理

(1) 时效问题。积极帮助买家查件，及时回复买家。

(2) 主动承担责任。积极帮助买家处理物流公司的投诉，不争论是谁的责任。

(3) 充分了解各物流公司的派送范围和时效。

3. 态度纠纷处理

(1) 比较常用的聊天工具都会提供很多的表情符号，在与顾客的聊天中可以借助符号表情的运用，缓解和表达心理情感。

(2) 网店管理人员应该设立客服管理机制，对客服态度和买家投诉进行管理。设立绩效考核标准，对工作人员进行考核和约束。

知识窗

网店客服易犯错误总结

1. 过分幽默

尽管你和顾客已经慢慢熟悉，但只要你还没有看到能够达成双方都满意的结果之前，不要去轻易展现幽默感，这会有损你的专业形象。可以适当说笑，这样能拉近双方的距离，但注意要慎重有度。很多你认为是玩笑的话，可是由于性格和成长环境不同，在买家听来可能就完全成为另外一种意思。

2. 没有耐心

有些事对你可能是常识，但不是每个人都和你一样。要耐心解释，切忌回复"怎么样，我也为你服务半个多小时了，买不买啊，不买就别问了"等语气生硬、态度不友好的内容。

3. 说的太多

说的太多是客户服务的大忌。你说得越多，客户的问题也越来越多，当客户问到连你也无法解释的时候，你就会被认为是不合格的。所以，尽量做到有问题才答，不要主动提到与客户问题无关的事情，避免节外生枝。

4. 反应迟钝

买家：这款有货吗?……

……

(过了3分钟)

买家又问：掌柜在吗?

……

(又过了 N 久)卖家超级"经典"地来了句"嗯"。这时的买家早跑远了，可能都已经在别处买完了。机会总是难得的，人家要买你的东西，你老半天都不理买家，不跑才怪呢。如果一开始你就说："您好呀，有什么能为您效劳的吗?"及时回应买家，会极有可能促成一笔交易，也会给顾客留下较好的印象。

5. 爱说"晕"，人也晕

买家：能包快递吗?

卖家：晕，不能。

买家：第一次来就包个快递吧，以后常来好吗?

卖家：晕，真不能。

买家：那算了吧。

卖家：晕，嗯。

这样的回答会让买家觉得很不礼貌，把"晕"字换成 "不好意思"；把"嗯"字换成"是的、好的"，比"嗯"字是不是要好得多啊。说"嗯"会让买家觉得你很忙，没空搭理人家。毕竟作为卖家，得到最后的好评很关键，让买家能主动在好评里写上"态度好，好卖家"也是不容易的，我们还是尽量改正小毛病吧。

6. 不正面回答买家问题

买家：这件衣服会掉色吗?

卖家：质量没问题，放心。

买家：我什么时候能收到呢?

卖家：我今天就发。

看起来像是回答了买家，可是对于买家来讲你并没有正面回答他的问题。他需要细节的沟通，如果你的回答比他问的还要详细，那他才真正放心。如果你回答："您好，这款衣服不会掉色的，请您一定放心哦。我今天会准时为您发货，快递在正常情况下两天内就能收到啦，希望您喜欢哈！"会对后续的交易起到很好的促进作用。

7. 态度过于生硬

买家：衣服我收到了，有片脏的地方，还有开线问题，我要退货!

卖家：概不退换!!!!!

买家：你怎么这样说话呀真不怕我投诉你?

卖家：随便! 加油!!!!!

这样的卖家有不少，和气才生财嘛。如果你说："对不起，我发货时没能仔细检查好，问题要是不特别大我退您部分货款可以吗? 如您实在接受不了，我同意给您退货，好吗? 希望您理解"这样的话接下来将要发生的一系列投诉、差评也许就都不会发生了。

8. 迟迟不发货

买家：为什么我的货还没发呢?

两天过去了……

买家：怎么还没发货呀，是不是没货呀?

又是一天过去了……

卖家：这几天有事，明天再发给你!

你想象一下接下来买家会说什么，或者会做什么……其实也许你真的有很忙的事，或者一直等货没拿到。你可以先给买家退款，没必要迟迟不发货也不给买家留言，让买家心里忐忑不安。

 技能训练

根据售后服务的范围，9 人一组，A 组模拟买家，B 组模拟售后客服。针对日常交易中遇到的售后问题进行对话演练，并在平台上模拟操作。分工参考如下：

(1) 每组同学按照售后服务的范围分别收集交易案例进行讨论分工，并商讨案例的处理办法。

(2) 每组同学分别抽选一位同学就某个案例进行模拟实践。

(3) 对该案例进行讨论并提供解决的办法。

(4) 完成实训任务书。

项目6　客户关系管理

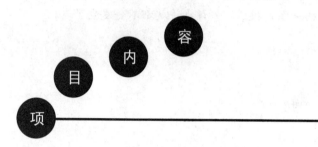

　　任务一：认识客户关系管理
　　任务二：运用客户关系管理的方法

 情境导入

　　自人类有商务活动以来，客户关系就一直是商务活动中的一个核心问题，也是商务活动成功与否的关键之一。建立良好的客户关系是电子商务时代企业赢得利润和重复业务的基础，而利润和重复业务是电子商务企业的成功所在。良好的客户关系需要企业将"以客户为中心"的理念贯穿于全部经营活动中，并通过个性化的产品和服务以及优秀的品牌效应来赢得客户的信任和长久的合作，从而为企业获得更多的财富创造条件。

 目的及要求

　　通过本项目的学习，理解客户关系管理的内涵、目标和作用；了解客户关系管理在电子商务活动中的应用，并掌握开发新客户和维护老客户的方法及技巧。

任务一　认识客户关系管理

【导入案例】

张静已在杭州莫畏实业有限公司天猫旗舰店从事客服工作一段时间了，对网店客服售前、售中、售后服务有了一定的了解，手头上也掌握了一些客户资源。但她认识到自己对如何处理好与客户的关系，以及如何对客户关系进行有效管理还不够了解，于是决定进行系统的学习。

张静希望处理好与客户的关系，并对客户关系进行有效管理，首先需要熟悉客户有哪些类型，其次还要知道客户关系管理的内涵是什么，再次要熟练掌握客户关系管理的方法和技巧。

一、了解客户关系管理的内涵

(一) 客户关系的含义

客户关系是指企业为达到其经营目标，主动与客户建立起的某种联系。这种联系可能是单纯的交易关系或通信联系，也可能是为客户提供一种特殊的接触机会，还可能是为双方利益而形成某种买卖合同或联盟关系。

客户关系不仅可以为交易提供方便、节约交易成本，也可以为企业深入理解客户的需求和交流双方信息提供机会。客户关系具有多样性、差异性、持续性、竞争性、双赢性的特征。企业与客户关系状况可以从以下几个方面进行理解：

1. 客户关系长度

客户关系长度，也就是企业维持与客户关系的时间长短，通常以客户关系生命周期来表示，分为考察期、形成期、稳定期、衰退期。客户生命周期主要是针对现有客户而言，要延长客户关系，可通过培养客户忠诚、挽留有价值客户、减少客户流失、去除不具有潜在价值的关系等来提高客户关系生命周期平均长度，发展与客户的长期关系，将老客户留住。

2. 客户关系深度

客户关系深度，也就是企业与客户双方关系的质量。衡量客户关系深度的指标通常是重复购买收入、交叉销售收入、增量销售收入、客户口碑与推荐等。

3. 客户关系广度

客户关系广度，也就是拥有客户关系的数量，既包括获取新客户的数量，又包括保留老客户的数量，还包括重新获得已流失的客户数量。拥有相当数量的客户是企业生存与发展的基础，因此需要不断挖掘潜在客户、赢取新客户，尽量减少客户的流失。此外，要努力保留老客户，由于开发一个新客户的成本是维系一个老客户成本的 5 倍，所以保持老客户可以节约获取新客户的成本；另外，老客户对价格等影响满意度的关键要素敏感性较低，对企业及其产品的某些失误更宽容，所以保留老客户可以给企业带来多方面的收益。而对于流失的客户要尽力争取，让他们重新成为企业的客户。

企业在加强客户关系的同时，不仅要关注关系的物质因素，更要考虑到关系的另一个特点，即客户的感觉等其他非物质的情感因素，以达到创造新客户、维持老客户、提高客户满意度与忠诚度，从而提升客户的价值和利润的目的。

(二) 影响客户关系的因素

面对不断变化的环境，客户的需求也在发生变化，很多因素影响着客户及其行为，进而影响着客户与企业之间的关系，改变着客户对企业的价值。

1. 客户自身因素

客户自身因素包括生理、心理两个方面的因素。客户生理、心理状态，尤其是他们的心理因素对其购买行为有很大影响。人类的心理过程带有普遍性，是所有个体客户或客户代表在消费行为中必然经历的共同过程，是客户购买心理的共性。客户的个性心理分为个性倾向性(需要、动机、爱好、理想信念、价值观等)和个性心理特征(能力、气质、性格等)。其中，需要和动机在客户自身因素中占有特别重要的地位，与客户行为有直接而紧密的关系，任何客户的购买行为都是有目的或有目标的。需要是购买行为的最初原动力，而动机则是直接驱动力。需要能否转化成购买动机并最终促成购买行为，有赖于企业采取措施加以诱导、强化。

2. 外部影响因素

外部影响因素包括社会环境因素和自然环境因素。社会环境因素如经济、政治、法律、文化、科技、宗教、社会群体、社会阶层等；自然环境因素如地理、气候、资源、生态环境等，都会对客户关系产生重要的影响。

3. 竞争性因素

竞争性因素包括产品、价格、销售渠道、促销、公共关系、政府关系等。竞争对手的价格策略、渠道策略、促销活动、公共关系状态、政府关系等，都直接影响着客户的购买行为。企业不能只管理自己的客户关系，还要与竞争对手的客户关系进行比较，这样才能发现问题，从而不断改进自己的客户关系。

4. 客户的购买体验

客户决策过程分为认识需要、收集信息、评价选择、决定购买、购后感受等阶段。购买决策内容包括客户的产品选择、品牌选择、经销商选择、时机选择、数量选择。

产品竞争激烈的时候，决定获得或者维持客户的已经不再是产品本身了，而是客户的购买体验。企业不仅是卖产品，而且也是卖服务和感觉，是卖一种符合客户需求甚至引导客户需求的东西。不同的企业给客户提供的产品内容是不同的，这中间的差距会给客户带来不同的体验。

总之，影响客户行为的因素是全面的、动态的，各种因素是共同作用的，所以企业必须及时掌握客户动态，有针对性地采取措施管理客户关系。

（三）发展客户关系的方法

要留住客户，提高客户的忠诚度，可以在正确识别客户的基础上按照以下三个步骤发展客户关系。

1. 对客户进行差异分析

客户之间的差异主要在于两点：第一，客户对于公司的商业价值不同；第二，客户对于产品的需求不同。因此，对客户进行有效的差异分析，可以帮助企业区分客户、了解客户需求，进而更好地配置企业资源，改进产品和服务，牢牢抓住客户，取得最大的利润。

2. 与客户保持良好的接触

客户关系管理的一个主要组成部分就是降低与客户接触的成本，增加与客户接触的成效。一方面可以用互联网上的信息交互来代替人工的重复工作；另一方面需要更及时充分地更新客户的信息，从而加强对客户需求的透视深度，更精确地描述需求画面。具体讲，就是把与客户的每一次接触或者联系放在"上下"的环境中，对于上一次接触或者联系何时何地发生，都应该清楚了解，从而可以在下次继续下去，形成一条连续不断的客户信息链。

3. 调整产品或服务以满足每个客户的需要

要进行有效的客户关系管理，将客户锁定在"学习型关系"之中，企业就必须因人而异提供个性化的产品或服务，其调整点不仅是最终产品，还应该包括服务。

客户关系的进展程度与企业客户管理和服务水平紧密相关，建立客户关系的过程还要注重对客户进行感情投资，与客户接触的各个方面让客户感到亲切；尽可能给客户更多方便和更多选择；为客户提供个性化的服务，更有效地满足客户需求；提供快速、有效的客户服务，建立客户服务快速反应机制。

在进行客户管理时，既要确保重要大客户的优先服务，也要照顾到中小客户的服务质量。

（四）客户价值

客户价值是客户细分管理的基本依据，通过客户价值分析，能使企业真正理解客户价值的内涵，从而针对不同的客户进行有效的客户关系管理，使企业和客户真正实现双赢。

1. 客户价值的含义

从客户的角度看，客户需要从购买的企业的产品和服务中得到需求的满足，因此客户所认为的客户价值是客户从某种产品或服务中所能获得的总利益与在购买和拥有时所付出的总代价的比较，也即客户从企业为其提供的产品和服务中所得到的满足。

从企业的角度看，企业需要从客户的消费购买中实现企业的收益，也就是客户的盈利能力。因此企业所认为的客户价值是企业从与其具有长期稳定关系并愿意为企业提供的产品和服务承担合适价格的客户中获得的利润，也即客户对企业的利润贡献。长期稳定的关系表现为客户的时间性，即客户生命周期。因为一个偶尔与企业接触的客户和一个经常与企业保持接触的客户对于企业来说具有不同的客户价值，这一客户价值的衡量是根据客户消费行为和消费特征等变量所测度出的客户能够为企业创造出的价值。

2. 客户价值分析的意义

客户价值的理解是企业管理的关键，如果没有评价客户价值的要素标准，就无法使企业的客户价值最大化。如果不知道客户的价值，企业就很难判断什么样的市场策略是最佳的。因为企业不知道自己的客户现在值多少钱，所以可能浪费企业的资源，企业可能不知道什么样的客户是有价值的，也不知道企业应从竞争对手那里抢过多少客户。这样一来，企业就很盲目。客户价值可以帮助企业很清楚地发现哪些客户更值钱，而通过客户价值分析可以有效地帮助企业发现最有价值的客户，并知道应该为获得或保留这些客户投入多少。

二、熟悉客户关系的分类

"客户"一词由来已久。在我国古代，客户泛指那些流亡他乡、没有土地、以租地为生的人，后来指由外迁来的住户。随着商品经济的产生和发展，与工厂企业来往的主顾、客商被称为客户。客户是承接价值的主体，通过货币的付出获得使用价值，也就是要达到相应需求或满足，因此客户也是需求的载体或代表。在现代企业管理中，客户是企业的利润之源，是企业发展的动力，很多企业将"客户是我们的衣食父母"作为企业客户管理的理念。

营销大师科特勒把企业与客户之间的关系归结为五种类型，如图 6.1 所示。

(1) 基本型：企业销售人员把产品销售出去之后不再与客户接触。

(2) 被动型：企业的销售人员在销售产品的同时，鼓励客户在购买产品后，如果遇到问题，及时向企业反馈，企业会提供有关改进产品的意见或建议。

(3) 能动型：销售完成后，企业不断联

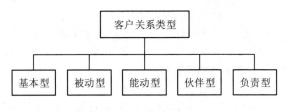

图 6.1　客户关系类型

系客户，为客户提供升级服务或新产品的营销信息等。

(4) 伙伴型：企业不断地协同客户，努力帮助客户解决问题，支持客户的成功，实现共同发展。

(5) 负责型：产品销售完成后，企业及时联系客户，询问产品是否符合客户的需求，有何缺陷或不足，有何意见或建议，以帮助企业不断改进产品，使之更加符合客户需求。

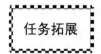

熟悉客户的分类

熟悉客户的分类可以按照以下步骤：

(1) 利用百度(www.baidu.com)或搜狗(www.sogou.com)等搜索引擎，查找客户分类的信息。

(2) 根据收集到的信息，完成表 6.1 的填写。

表 6.1　客 户 的 分 类

序号	客户分类的方法	具体分类
1	按(　　)方式划分	可分为
2	按(　　)方式划分	可分为
3	按(　　)方式划分	可分为
4	按(　　)方式划分	可分为
5	按(　　)方式划分	可分为

任务二　掌握客户关系管理的方法

【导入案例】

张静作为客服人员，充分认识到在客户关系管理中开发新客户和维护老客户的重要性，她说："做生意不能一直坐等着客户上门，更不能认为老客户没有什么用，那样会导致店铺生意越做越差，个人收入也越来越低。所以，客服人员一定要重视新客户的开发和老客户的维护，这样企业才能长久地发展下去。"

张静不仅要熟悉和掌握天猫会员关系管理工具的使用方法和技巧，还要掌握开发新客户和维护老客户的理论和方法。

一、了解客户关系管理的起源与发展

(一) 客户关系管理的起源

最早发展客户关系管理的国家是美国，在 1980 年出现了所谓的接触管理，即专门收集、整理客户与公司联系的所有信息。到 1990 年，接触管理则演变成为包括电话服务中心与客户资料分析的客户关怀服务。1999 年，著名的信息技术咨询顾问公司 Gartner Group 首先提出"客户关系管理"这个概念，Gartner Group 在早些提出的 ERP (Enterprise Resource Planning，ERP，企业资源计划)概念中，强调对供应链进行整体管理。而客户作为供应链中的一环，为什么要针对它单独提出一个 CRM (Customer Relationship Management，CRM，客户关系管理)概念呢？

人们在 ERP 的实际应用中发现，由于 ERP 系统本身功能方面的局限性，也由于 IT 技术发展阶段的局限性，ERP 系统并没有很好地实施对供应链下游(客户端)的管理，针对 3C(China Compulsory Certification，CCC 或 3C，中国强制性产品认证)因素中的客户多样性，ERP 并没有给出良好的解决办法。另一方面，到 20 世纪 90 年代末期，Internet 的应用越来越普及，CTI(Computer Telecommunication Integration，CTI，"计算机电信集成"技术)、客户信息处理技术(如数据仓库、商业智能、知识发现等技术) 得到了长足的发展。结合新经济的需求和新技术的发展，Gartner Group 提出了 CRM 的概念。

尽管 CRM 的思想由来已久，但信息技术的不断发展，特别是 Internet 的广泛应用促进了 CRM 的进一步发展，客户关系管理在现实中才有了较大的进展，越来越多的企业开始采用这个先进的管理方法。CRM 解决方案不仅包括软件，还包括硬件、专业服务和培训，通过为企业员工提供全面、及时的数据，让他们清晰地了解每位客户的需求和购买历史，从而更多地理解客户并为之服务。Web 站点、在线客户自助服务和基于销售自动化的电子邮件让每一个 CRM 解决方案的采纳者都进一步扩展了为客户服务的能力。

(二) 客户关系管理理论的演变过程

1. 客户接触管理

20 世纪 80 年代以前，管理学中所谓的竞争分析主要是市场结构分析，而企业战略的制定也仅是市场定位的过程，这种市场导向战略是把市场定位作为出发点和根本考察对象而制定出来的。根据市场导向战略理论，可以把企业资源条件与市场机会的均衡过程描述为企业寻找市场机会，然后再分析自身资源条件，如果自身资源条件不足以把握机会，则须重新寻找市场机会，直至市场机会和企业资源条件均衡。

20 世纪 60 年代以前，市场环境较为稳定，市场机会延续的时间较长，因此，市场机会可以作为企业的战略机会加以利用。然而，20 世纪 70 年代以来，市场因客户需求的渐进及技术创新的加快而呈现出变化加剧的趋势，各种市场机会总是稍纵即逝，这就对企业制定市场导向战略提出了挑战。因此 20 世纪 70 年代后期，美国的许多企业便开始专门收集客户企业联系的所有信息，即所谓的接触管理，以便企业制定市场导向战略。这种原始的客户接触管理可以说是客户关系管理的萌芽。

2. 客户服务理论

随着客户需求的不断演进、技术革命的不断爆发，巨变已经成为 20 世纪 90 年代初市场的基本特征。由此，传统的接触管理也随之发展成为客户服务，当时人们定义的客户服务是这样的：以长期满足客户需要为目标，从客户递上订单到客户收到订货，在此期间提供一种连续不断的双方联系机制。为此，企业专门应用了电话呼叫中心系统来辅助企业更好地为客户服务。

传统的客户服务往往是被动的，客户没有问题，企业就不会开展客户服务，而且这种客户服务仅局限于售后服务的范围，即只有客户购买了企业的产品之后，才有可能享受到企业的客户服务。

客户接触和客户服务这两种管理思想，是随着社会经济发展，为适应企业运营和客户需求而产生的，它们虽然不系统、不全面，没有形成专门的管理理论，但对于客户关系管理的产生与发展都有着重要的影响。

3. 客户关系管理理论

客户关系管理理论主要包括客户关系管理思想和客户关系管理技术两个方面。

客户关系管理思想是选择和管理客户的经营思想和业务战略，目的是实现客户长期价值的最大化，它要求企业经营以客户为中心，并构建在市场竞争、销售及支持、客户服务等方面协调一致的新型商务模式。客户关系管理技术，主要包括 Internet 技术、呼叫中心技术、数据仓库技术、数据挖掘技术、商业智能技术等。这两方面结合起来就形成了客户关系管理的应用系统。

二、了解业界对客户关系管理的理解

客户关系管(CRM)理自 1997 年引入中国已有二十多年了，站在不同的角度，对客户关系管理有不同的解释。

(1) 从商业哲学的角度来理解：把客户置于决策出发点的商业哲学使企业与客户的关系更加紧密。

(2) 从企业的战略角度来理解：通过企业对客户关系的引导，达到企业最大化盈利的企业战略。

（3）从系统开发的角度来理解：帮助企业以一定的组织方式来管理客户的互联网软件系统。

学术界和实业界探索关注的主要是客户关系的有效管理与运用，主要包括四种流派：

（1）CRM 是一种经营观念，是企业处理其经营业务及客户关系的一种态度、倾向和价值观，要求企业全面地认识客户，最大限度地发展客户与企业的关系，实现客户价值的最大化。

（2）CRM 是一套综合的战略方法，用以有效地使用客户信息，培养与现实的、潜在的客户之间的关系，为企业创造大量价值。

（3）CRM 是一套基本的商业战略，企业利用完整、稳固的客户关系，而不是某个特定产品或业务单位来传递产品和服务。

（4）CRM 通过一系列过程和系统来支持企业总体战略，以建立与特定客户之间的长期、有利可图的关系，其主要目标是通过更好地理解客户需求和偏好来增大客户价值。

CRM 方案平台开发商的实践强调的是从技术角度来定义 CRM，将其视作一个过程，强调庞大而完整的数据库和数据挖掘技术等高级支持技术，目的是使企业能够最大化地掌握和利用客户信息，增强客户忠诚度和实现客户的终生挽留，并通过 CRM 应用软件的形式加以实现。

良好的技术架构有利于 CRM 作用的高效发挥，但技术架构作为媒介只是提供一个客户关系管理的平台，可以提高 CRM 的有效性。

要对客户让渡价值、客户关系价值以及延伸出来的客户忠诚进行彻底的研究，特别是在网络经济条件下。

客 户 开 发

一、开发新客户

1. 开发新客户的意义

思考开发新客户的意义对企业改变自身的做法会有帮助。单纯依靠老客户，企业通常只能保持现状。

例如，即使企业能让 80% 以上的老客户回头，同时也需要将这些回头的老客户的购买率增加 20% 以上，才能维持赢利的现状。让 80% 的老客户回头及增加他们的购买率，对许多企业来说都是一件困难的事情。

一个企业想健康平稳地发展必须做好两件事：一是实现合作客户忠实度的最大化；二是不断挖掘新客户资源并将其发展成合作客户。

2. 开发新客户的途径

对网店来说，获取新客户可以通过以下四种途径：

(1) 老客户介绍。如客户购买了某产品，朋友也喜欢，于是介绍朋友来购买。

(2) 广告宣传。网店在网上发布广告信息或参加营销推广活动，等着客户找上门。

(3) 销售人员开发。网络销售人员可以通过搜索引擎的关键词查找或分类目录查找客户资料，主动联系客户；也可以借助电子商务供求平台查找需求信息，联系客户。

(4) 客服人员开发。一般情况下，网络新客户的第一次成交难度是最高的，因为会存在着怀疑、怕承担风险等心理。销售过程中，客服应该紧紧地把握客户心理，努力快速地促成第一次成交。

3. 开发新客户的方法和技巧

(1) 克服心理障碍，保持积极的成交态度。对于一些新的客服人员来说，在推销过程中经常会产生一些不利于成交的心理障碍，如担心成交失败，因为在沟通的过程中，气氛往往是比较紧张的，尤其当客服在通过各种方式向客户传达商品信息的时候(如介绍新品、介绍店铺主推的爆款等)。

客户经常会对你的产品价格、产品质量、产品的售后服务产生怀疑，甚至会怀疑客服人员本身，因此有一些客服人员就会紧张，甚至词不达意。一旦出现这种情况，成交就比较难以实现。所以说客服人员的心理素质是销售成功的基础，只有坚定自信，保持积极的态度，加强心理方面的训练，才能消除各种不利于成交的心理障碍，顺利地促成交易。

在工作中，客服要注意以下几点：

① 正确地对待失败。推销失败是销售过程中经常遇到的情况，但是有一些客服人员在经历了几次失败以后，成交失败的心理障碍就会出现。

② 要有自信心。很多人觉得做客服工作低人一等，有不同程度的职业自卑感。

③ 要有积极主动的心态。很多客服人员认为客户会自动提出成交请求，或者以为客户在交流结束的时候会自动购买产品，因此在销售过程中总是慢慢等待。

(2) 用心做好服务，及时主动地促成交易。在互联网环境中，客户通常处于优势地位，尤其是在消费品市场，基本不愿意主动地提出成交请求，更不愿意主动明确地提示成交。但是客户的购买意向总会有意无意地通过各种信号表现出来，如语言文字信号、行动信号等。比如，客服人员一般可以尝试性地用下面的语言提示客户成交："亲，您下单吧，还来得及赶在今天下午之前发货。""亲，我们这款衣服因为是新品，只有前 10 名客户才能享受到这个价格哦！""亲，在这个月底后，我们这个宝贝的价格就要涨 50 元钱了。"

（3）不要轻易地亮出王牌。客服人员在实际的推销工作中，要学会保留一定的退让余地，不要轻易地亮出底牌。许多成交都要经过一番沟通与交流、讨价还价等，客户从对所销售的商品产生兴趣到最终做出购买决定，是需要一定的时间的。因此，客服人员应该讲究技巧，不到万不得已的时候不要把最后的底牌露出来。比如，在成交的关键时刻，客服人员可以进一步引导客户，增强客户的购买决心："亲，如果现在购买的话，我们还有小礼品赠送，这个活动到××日就截止了。""亲，宝贝都是最低价，亏本卖的，没有利润的，亲谅解哦！""亲，满××元仓库随机送一份小礼品哦，礼物代表一份心意，希望您喜欢哦！"

（4）正确地对待没有成交的客户。成功的销售总是从被拒绝开始的，第一次接触就能成交的概率是很低的，但是第一次被拒绝并不意味着失败，用心地服务客户，与客户交朋友，就有可能达成最后的成交。对待没有成交的客户，客服应该想办法建立潜在客户数据库，在互联网时代，这个目标更容易实现。例如，主动加客户为好友并做好备注，鼓励客户收藏、加入我们的 QQ 群，成为我们的微博粉丝、微信粉丝等。

（5）把握成交时机，随时促成交易。客服人员一定要机动灵活，能够随时发现成交的信号，把握每一个转瞬即逝的成交时机。一个完整的销售过程往往要经历寻找客户、与客户接触、处理异议和下单成交等不同的阶段，这些不同阶段之间相互联系、相互影响、相互转化。

在销售的任意一个阶段，随时都有可能成交，一旦时机成熟，客服人员就应该立即促成。很多客服也许非常善于接近客户并且说服客户，但是总是抓不住有力的成交时机，经常功亏一篑。把握成交时间，要求客服人员具备一定的直觉判断力，具备了这种特殊的职业灵感，才能及时有效地做出准确无误的判断。

二、维护老客户

1. 维护老客户的意义

维护老客户对每个企业来说是非常重要的，主要表现在以下四个方面：

（1）使企业的竞争优势长久。企业的服务已经由标准化细致入微的服务阶段发展到个性化客户参与阶段。成功的企业和成功的客服人员能把留住老客户作为企业与自己发展的头等大事。

（2）使成本大幅度降低。发展一位新客户的投入是巩固一位老客户的 5 倍，确保老客户的再次消费是降低销售成本和节省时间的最好方法。

（3）有利于发展新客户。在商品琳琅满目、品种繁多的情况下，老客户的推销作用不可低估。

（4）会获取更多的客户份额。忠诚的客户愿意更多地购买企业的产品和服务，忠诚客户的消费支出是随意消费支出的 2~4 倍。

2. 维护老客户的途径和方法

企业要千方百计地留住老客户。维护老客户的途径和方法主要有以下五个方面：

(1) 明确客户需求，细分客户，积极满足客户需求。

这一途径的具体方法主要有以下三点：

一是利用优惠措施，加强与客户的沟通交流。更多优惠措施如数量折扣、赠品、秒杀、试用、更长期的赊销等都是不错的选择。经常和客户进行沟通交流，保持良好融洽的和睦关系。

二是特殊客户特殊对待。根据 80/20 法则，公司利润的 80% 是由 20% 的客户创造的，并不是所有的客户对企业都具有同样的价值，有的客户带来了较高的利润率，有的客户对于企业具有更长期的战略意义。美国《哈佛商业评论》杂志发表的一篇研究报告指出，多次光顾的客户比初次登门的客户可为企业多带来 20%～85% 的利润。所以善于经营的企业要根据客户本身的价值和利润率来细分客户，并密切关注高价值的客户，保证他们可以获得应得的特殊服务和待遇，使他们成为企业的忠诚客户。

三是提供个性化服务。提供系统化解决方案，不仅停留在向客户销售产品的层面上，更要主动为他们量身定做一套适合的系统化解决方案，在更广范围内关心和支持客户的发展，增强客户的购买力，扩大其购买规模，或者和客户共同探讨新的消费途径和消费方式，创造和推动新的需求。

(2) 建立客户数据库，和客户建立良好关系。

在信息时代，客户通过互联网等各种便捷的渠道可以获得更多、更详细的产品和服务信息，使得客户比以前能更加方便地获得商品信息，更加不能容忍被动的推销。与客户的感情交流是企业用来维系客户关系的重要方式，日常拜访、节日的真诚问候以及婚庆喜事、过生日等时的一句真诚祝福、一束鲜花，都会使客户深为感动。

交易的结束并不意味着客户关系的结束，在售后环节还要与客户保持联系，以确保他们的满足感持续下去。由于客户更愿意和与他们类似的人交往，他们希望与企业的关系超过简单的买卖关系，因此企业需要快速地和每一个客户建立良好的互动关系，为客户提供个性化的服务，使客户在购买过程中获得产品以外的良好心理体验。

(3) 深入与客户进行沟通，防止出现误解。

客户的需求不能得到切实有效的满足往往是导致客户流失的最关键因素。一方面，企业应及时将企业经营战略与策略的变化信息传递给客户，便于客户工作的顺利开展。另一方面，善于倾听客户的意见和建议，建立相应的投诉和售后服务沟通渠道，鼓励不满的客户提出意见，及时处理客户的不满，并且从尊重和理解客户的角度出发，站在客户的立场去思考问题，保持积极、热情的态度对待客户。大量实践表明，三分之二的客户离开其供应商是因为对客户的关怀不够。

(4) 制造客户离开的障碍。

　　一个保留和维护客户的有效办法就是制造客户离开的障碍，使客户不能轻易去购买竞争者的产品。因此，企业自身要不断创新，改进技术手段和管理方式，提高客户的转移成本和门槛；从心理因素上，企业要努力和客户保持亲密关系，让客户在情感上忠诚于企业，对企业形象、价值观和产品产生依赖和习惯心理，就能够和企业建立长久关系。

 **技能训练**

客户关系管理在电子商务中的应用

一、电子商务环境下客户关系管理的特点

　　在电子商务环境下必须有新型的客户关系管理模式，这种客户关系管理模式是通过互联网为客户提供服务的，同时客户也可通过在线方式获取信息和自助式服务，即电子化客户关系管理(Electronic Customer Relationship Management，ECRM)。与传统的客户关系管理相比，电子化客户关系管理具有四个特点，如图 6.2 所示。

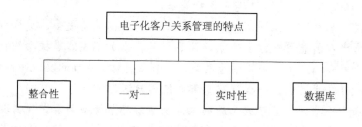

图 6.2　电子化客户关系管理

1. 整合性

　　整合性包含了前端和后端的整合。前端指的是统一的联系渠道，它使得企业可以同时让客户根据自己的情况，在不同时间以电话、传真、网站或电子邮件等各种方式与企业接触。更重要的是，不论是服务专员还是自动化装置，企业所提供的解答都应当一致。后端则是指用先进的资料分析方法，深入探索客户相关的知识，作为客户关系管理的依据。

2. 一对一

　　在电子商务环境下，客户的个性化需求越来越明显，电子化客户关系管理是以每一个客户作为一个独特的区域，所以对客户行为的追踪和分析都是以单一客户为单位的，发现他的行为方式与偏好。同时，应对策略或营销方案也是依每个客户的个性来提供的。与客

户一对一就是为了让客户能够真正满意并成为忠诚客户，这是唯一的目标，与客户一对一不是为了取悦客户而是让客户接受产品和服务并使消费体验高于期望值，从而达到满意并持续购买服务。

3. 实时性

电子商务环境下客户快速地接受大量信息，所以客户的偏好也在不断地改变。企业必须不断地观察客户行动的改变，并立即做出应对策略，才能掌握先机，赢得客户。

4. 数据库

营销结合基于互联网的客户关系管理是一个完整的收集、分析、开发和利用各种客户资源的系统。这种新型的系统应该与数据库营销相结合，客户与公司交往的各种信息都能在客户数据库中得到体现，数据库营销能最大限度地满足客户个性化的需求。

二、电子商务环境下客户关系管理的优势

在电子商务环境下，相对于传统商务环境，电子化客户关系管理具有的优势如图 6.3 所示。

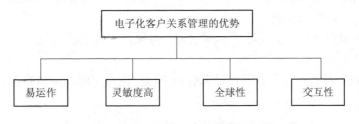

图 6.3　电子化客户关系管理的优势

1. 易运作

互联网只需要企业上网就能进入网络环节，这减少了许多传统环境下的中间环节，互联网缩短了公司与客户之间的距离，信息的广泛交流不仅提高了商务效率，也使电子商务从业者对环境的适应性增强。

2. 灵敏度高

互联网是一个快速变化的空间，各种各样的用户需求随时会出现，对此，电子化客户关系管理总能快速地做出反应。

3. 全球性

目前几乎所有的国家和地区都联入了互联网，企业通过互联网可与全球的客户进行交流合作，大大地削弱了商业活动的地理空间限制。

4. 交互性

互联网的快速反应和回复，使得企业在该环境下可与客户进行实时信息交流，高效率地完成全部信息交换过程。

三、电子商务和客户关系管理一体化

在电子商务环境下，市场竞争激烈，客户关系显得尤为重要，只有将电子商务和客户关系管理一体化才能使企业资源运用和价值实现发挥出最大效能，企业必须把实现电子商务看作是客户关系管理整体战略的首要部分。

电子商务和客户关系管理一体化的做法是将网站和公司的客户数据库连接起来，网站可以通过对客户网页浏览的顺序、停留的时间长短为其建立个人档案，识别出具有相似浏览习惯的客户。电子商务前端的客户关系管理应该和企业的内部管理系统连接起来，不管客户从哪个渠道进来，都可以与后台的企业管理系统连接起来。网站的一切工作都应围绕着客户需求这一中心，要符合客户的浏览习惯，充分考虑到客户在网上碰到困难时需要的帮助和技术支持，开展网上自助服务。客户根据自己的意愿，随时随地上网查询，自行解决自身遇到的问题，以帮助降低成本。同时，还可以为客户定制在线购物经验、定制广告、促销活动和直接提供销售报表。

结合理论知识学习和任务实施的具体过程，将操作内容记录在表 6.2 中，并对完成效果进行评价。

要求：表 6.2 列出的三个知识点要求必须掌握；技能点即利用网络搜集"天猫会员关系管理内容"信息的方法是要求必须掌握的。

表6.2　客户关系管理知识与技能评价表

项目	内　　容	简要介绍	评　　价				
			很好	好	一般	差	很差
知识	开发新客户维护的途径和方法						
	老客户维护的途径和方法						
	老客户的技巧						
技能	利用网络搜集"天猫会员关系管理内容"信息						

参 考 文 献

[1] 罗岚. 网店运营专才[M]. 南京：南京大学出版社，2010.

[2] 淘宝大学. 网店客服[M]. 北京：电子工业出版社，2012.

[3] 陶峻，赵冰. 客户关系管理实践教程[M]. 北京：清华大学出版社，2011.

[4] 阿里巴巴(中国)网络技术有限公司. 挡不住的跨境电商时代[M]. 北京：中国海关出版社，2015.

[5] 汪志晓. 浅谈移动互联时代的微商创业[J]. 电子制作，2015(4).

[6] 李东进，秦勇. 电子商务实务教程[M]. 北京：中国发展出版社，2013.

[7] 淘宝网 http://www.taobao.com.

[8] 天猫网 http://www.tmall.com.

[9] 京东商城 http://www.jd.com.

[10] 中国电子商务研究中心 http://www.100ec.cn.